機器學習入門

使用Scikit-Learn 與 TensorFlow

這是一本易學易懂的機器學習書籍，適合已經學會 Python 程式語法、熟練匯入 Python 函式庫的語法與概念的讀者。使用 **sklearn** 與 **tensorflow** 函式庫進行機器學習，資料集大部分來自 Kaggle（https://www.kaggle.com）網站的 cc0 版權資料集，讀者可以透過本書所提供連結或關鍵字搜尋下載。

章節安排由基礎到進階，第一章到第九章從建置 Python 機器學習開發環境，簡介 Pandas 與 Numpy 的概念與實作。再使用 sklearn 實作**監督式學習**（線性迴歸、邏輯迴歸、決策樹、K-近鄰演算法、支援向量機）與**非監督式學習**（K-means 分群與階層式分群）。

第十章介紹**神經網路**並使用 tensorflow 實際建立神經網路進行運算、前向傳播算法與反向傳播算法的運算過程。第十一章介紹**卷積神經網路**的運算過程，使用現成的 Cifar-10 圖片庫訓練卷積神經網路，同時藉由預先訓練模型 VGG16 來減少訓練模型的時間，並使用 tensorflow 實際建立卷積神經網路進行運算。最後介紹中文文字分析與中文語音相關功能實作。

希望本書能帶領讀者進入機器學習的世界，熟悉機器學習的相關概念，並且能夠運用機器學習解決實際的問題。

最後，感謝碁峰編輯團隊的編排與校對，讓本書更加完善。

黃建庭

目錄

chapter 3　線性迴歸

chapter 4　邏輯迴歸

chapter 5　決策樹

chapter 6　K-近鄰演算法

chapter 7 支援向量機

chapter 8 K-means 分群

chapter 9 階層式分群

chapter 10　神經網路

chapter 11　卷積神經網路

chapter 12　使用 Cifar-10 圖庫訓練卷積神經網路

開發環境介紹

1

本書使用 Anaconda 撰寫 Python 程式。Anacoda 提供完善的 Python 開發環境，適合用於資料科學與機器學習領域，提供指令 conda 可以輕鬆建立執行 Python 的虛擬環境，內建 Jupyter Notebook 以記事本方式開發與執行 Python 程式，還可以將程式上傳 Google Colab 等雲端執行環境，透過遠端電腦執行 Python 程式，不會消耗本機的計算資源。

1-1 安裝 Anaconda

經由 Anaconda 官方網站可以下載最新的開發軟體，其中 individual 為免費版本，網址如下。

```
https://www.anaconda.com/products/individual
```

step**01** 使用瀏覽器瀏覽 Anaconda 官方網站出現以下畫面，選擇自己的
作業系統，點選「Download」下載安裝程式。

step**02** 點選安裝程式「Anaconda3-xxx.xxx.exe」進行安裝。

step**03** 點選「Next」開始安裝，接著同意版權宣告，選擇安裝資料夾，
過程中使用預設值安裝即可。

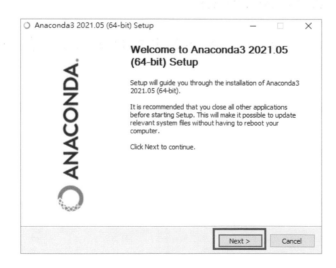

step04 安裝完成後，程式集多出 Anaconda3 資料夾，本書會使用「Anaconda Prompt」與「Jupyter Notebook」兩個軟體。

1-2 使用 conda 啟用虛擬環境與安裝套件

Anaconda 內建程式 conda，可以用來建立虛擬環境與安裝常用 Python 套件。透過虛擬環境，可以在一台電腦上安裝多個版本的 Python 開發環境，自由切換到不同版本，隨時新增與刪除虛擬環境，讓 Python 開發環境更有彈性。以下為新增虛擬環境的步驟：

step01 點選「Anaconda3->Anaconda Prompt」，開啟 Anaconda 的命令提示字元。

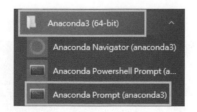

執行結果如下。

step02 使用「conda create -n ml python=3.7」建立虛擬環境名稱
為「ml」，使用 Python3.7 版本，可以自行修改。

看到以下畫面，點選「Enter」下載及安裝必要套件。

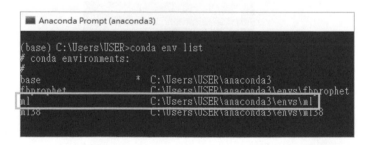

使用指令「conda env list」列出虛擬環境，出現「ml」表示已完成
新增 ml 虛擬環境。

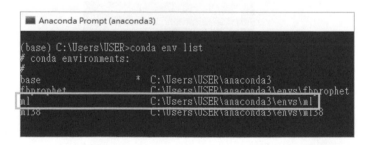

step03 使用指令「conda activate ml」啟用 ml 虛擬環境。

左方由（base）轉換成（ml），表示由虛擬環境 base 轉換到虛擬環境 ml。

```
Anaconda Prompt (anaconda3)

(base) C:\Users\USER>conda activate ml
(ml) C:\Users\USER>
```

step04　註冊虛擬環境到 Jupyter Notebook。

使用指令「pip install ipykernel pypiwin32」安裝 ipykernel 與 pypiwin32。

```
(ml) C:\Users\USER>pip install ipykernel pypiwin32
Collecting ipykernel
  Downloading ipykernel-6.0.1-py3-none-any.whl (122 kB)
     |                                                | 122 kB 656 kB/s
Collecting pypiwin32
  Using cached pypiwin32-223-py3-none-any.whl (1.7 kB)
Collecting importlib-metadata<4
  Downloading importlib_metadata-3.10.1-py3-none-any.whl (14 kB)
Collecting jupyter-client
  Downloading jupyter_client-6.1.12-py3-none-any.whl (112 kB)
     |                                                | 112 kB 3.2 MB/s
```

使用指令「python -m ipykernel install --user --name ml --display-name "ML37"」註冊虛擬環境 ml 到 Jupyter Notebook，取名為 ML37。

```
Anaconda Prompt (anaconda3)

(ml) C:\Users\USER>python -m ipykernel install --user --name ml --display-name "ML37"
Installed kernelspec ml in C:\Users\USER\AppData\Roaming\jupyter\kernels\ml
```

step05　點選「Anaconda3 -> Jupyter Notebook」。

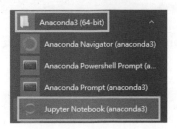

點選「New->ML37」，就可以開啟 ML37 核心的記事本，ML37 核心對應到虛擬環境 ml

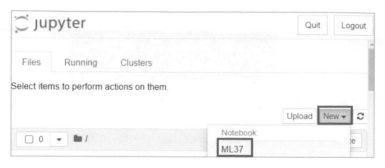

輸入「print("Hi")」，點選上方「Run」檢查執行結果是否為「Hi」。

In [1]:
```
1  print("Hi")
```
Hi

step06 使用指令「pip install tensorflow keras」安裝機器學習套件 tensorflow、keras 與 numpy。

```
(ml) C:\Users\USER>pip install tensorflow keras
Collecting tensorflow
  Downloading tensorflow-2.5.0-cp37-cp37m-win_amd64.whl (422.6 MB)
     |                              | 165.0 MB 6.4 MB/s eta 0:00:41
```

step07 使用指令「pip install matplotlib」安裝 matplotlib 與 pillow。

```
Anaconda Prompt (anaconda3) - pip install matplotlib
(ml) C:\Users\USER>pip install matplotlib
Collecting matplotlib
  Downloading matplotlib-3.4.2-cp37-cp37m-win_amd64.whl (7.1 MB)
     |                              | 7.1 MB 6.8 MB/s
```

step**08**　使用指令「pip install pandas」安裝 pandas。

```
Anaconda Prompt (anaconda3)
(ml) C:\Users\USER>pip install pandas
Collecting pandas
  Downloading pandas-1.3.0-cp37-cp37m-win_amd64.whl (10.0 MB)
     |████████████████████████████████| 10.0 MB 204 kB/s
```

step**09**　使用指令「pip install sklearn」安裝 sklearn，到此完成虛擬環境的安裝與設定。

```
Anaconda Prompt (anaconda3)
(ml) C:\Users\USER>pip install sklearn
Collecting sklearn
  Using cached sklearn-0.0.py2.py3-none-any.whl
Collecting scikit-learn
  Using cached scikit_learn-0.24.2-cp37-cp37m-win_amd64.whl (6.8 MB)
Requirement already satisfied: scipy>=0.19.1 in c:\users\user\anacond
learn) (1.7.0)
```

附註：如果要移除虛擬環境，使用指令「conda env remove -n ml」可以刪除名稱為「ml」的虛擬環境。使用指令「jupyter kernelspec remove ml」可以刪除 Jupyter Notebook 內的「ml」虛擬環境。

1-3　在 Windows 啟用 Jupyter Notebook

　　假設使用 E 磁碟機的 jupyter 資料夾（E:\jupyter）當成 Jupyter Notebook 的工作資料夾，使用者可以自行更改工作資料夾，操作步驟如下。

step**01**　開啟記事本，輸入以下指令。

```
*未命名 - 記事本
檔案(F)  編輯(E)  格式(O)  檢視(V)  說明
E:
cd jupyter\
jupyter notebook
```

「E:」表示開啟 E 磁碟機,「cd jupyter\」表示切換到資料夾 jupyter,「jupyter notebook」表示執行指令「jupyter notebook」。

step02 點選「檔案->另存為...」,重新命名檔名。

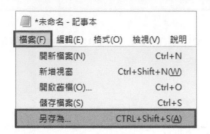

選擇儲存在「桌面」,存檔類型選擇「所有檔案(*.*)」,檔案名稱為「jupyter.bat」,最後點選「存檔」,如下圖。

此時桌面就會出現「jupyter.bat」圖示。點選「jupyter.bat」圖示,即可執行 Jupyter Notebook 且工作目錄為「E:\jupyter」。

1-4　Jupyter Notebook 的快速鍵

以下介紹 Jupyter Notebook 的各種常用快速鍵。首先開啟一個記事本，點選「New->ML37」，新增一個記事本，使用核心 ML37。

1. 編輯模式下的快速鍵

   一個方框就是一個 Cell，游標停留在 Cell 內，就會進入 Cell 編輯模式，如下圖。

   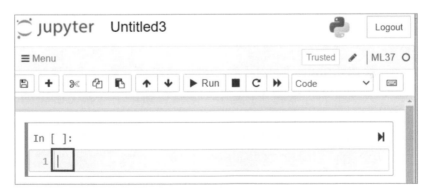

   (1) 開啟快選選單

      使用「Ctrl+Shift+P」開啟快選選單，點選所需功能，例如：「change cell to heading 1」，該 Cell 就會轉換成最大字型的標題模式。

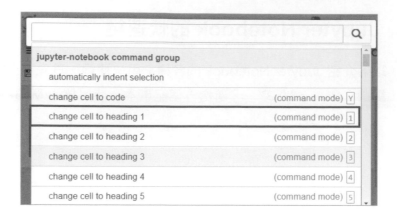

輸入標題文字，例如：「標題 1」。點選「Run」執行該 Cell。

(2) 執行 Cell

使用「Shift＋Enter」執行指定的 Cell，執行「#標題 1」產生最大字型的「標題 1」文字，同時會新增下一個 Cell，如下圖。

(3) 取得函式說明

在函式 print 的括弧內，點選 Shift＋Tab 即可獲得函式 print 的說明，如下圖。

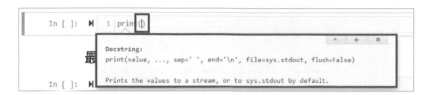

2. 命令模式下的快速鍵

游標若不在某個 Cell 內，就是在命令模式下，如下圖所示。Cell 的左側線段為藍色，表示在命令模式下。

(1) 點選「a」後上方插入一個 Cell，如下圖。

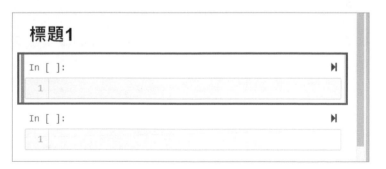

(2) 按下「b」向下插入一個 Cell。

(3) 按下「1」將 Cell 轉換成 heading 模式，且使用字型大小為最大出現一個「#」表示最大標題模式，輸入標題文字「最大標題」。

(4) 按下「2」將 Cell 轉換成 heading 模式，使用字型大小為第二大。點選指定的 Cell 方框左側，進入該 Cell 的命令模式，左側線段為藍色。

接著按下「2」將 Cell 轉換成 heading 模式，出現「##」表示使用第二大的標題字型，輸入標題文字「第二大標題」。

最後分別對兩個標題 Cell 按下「Shift+Enter」來執行這兩個 Cell，就可以看見兩個標題。

(5) 連按兩次「d」，就會刪除指定的 Cell。

點選指定 Cell 的方框外，左側線段為藍色，表示進入命令模式，連按兩次「d」，就會刪除指定的 Cell。

1-5 使用 Google Colab 執行 Python 程式

　　Google Colab 為雲端的 Python 執行環境，只要有 Gmail 帳號就可以開啟專屬的 Google Colab 操作環境，相當於在雲端執行 Jupyter Notebook，不佔用本機資源執行程式。如果計算過於複雜，可以啟用 GPU 來加速運算，但 Google 對 GPU 資源有用量限制，因此建議只有在執行「在一般電腦執行至少要十分鐘的程式」時，才在 Google Colab 開啟 GPU 功能加速程式，否則若超過 GPU 用量，就會在一定時間內無法使用 GPU 功能。

　　本範例從 JupyterNotebook 下載記事本（.ipynb），再上傳到 Google Colab，你也可以直接在 Google Colab 新增記事本。

step01　接續剛剛 Jupyter Notebook 的使用，點選檔案名稱「Untitiled3」重新命名記事本。

輸入記事本名稱，例如：first，點選「Rename」重新命名。

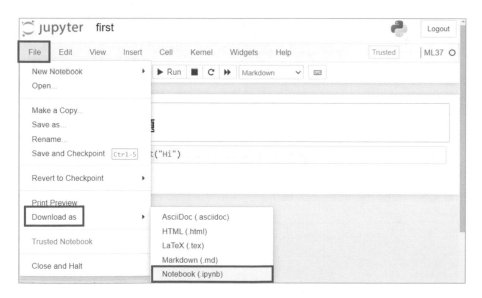

重新命名後，檔名改成「first」，如下圖。

step02　下載記事本，點選「File -> Download as -> Notebook(.ipynb)」。

記事本會被轉換成檔案「first.ipynb」，如下圖。

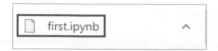

^{step}**03** 將檔案「**first.ipynb**」上傳到 **Google Colab**。

首先開啟 Google Colab，搜尋「google colab」，點選「Colab - Google」。

登入 Gmail 帳號後，點選「上傳 -> 選擇檔案」。

點選剛剛下載的檔案「first.ipynb」，點選「開啟」。

如下圖，表示已經將檔案「first.ipynb」上傳到 Google Colab。

step04 連線 Google Colab 的執行環境。

點選「連線」。

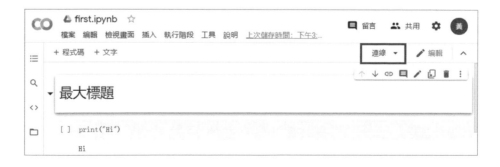

出現「RAM」與「磁碟」表示連線成功。

step05 啟用 **GPU** 進行運算。需要啟用 **GPU** 的機會其實不多，除了機器學習需要大量處理圖片、語音與影片資料時才需要啟動。點選「**RAM**」與「**磁碟**」的右側下拉選單，接著點選「查看資源」。

點選「變更執行階段類型」。

設定執行階段類型為「Python3」，硬體加速器改為「GPU」。測試結束後，再改回「None」表示不使用 GPU 加速器。

如果成功啟用 GPU 加速器，就會出現「(GPU)」的訊息。

點選 Cell 左側的「」就可以使用 GPU 執行程式。

Pandas 與 Numpy 簡介

2

將資料輸入機器學習模型進行訓練前,資料需要事先處理與分析,可以使用套件 Pandas 與 Numpy 處理與分析資料。Pandas 用於輸入資料、處理資料與產生圖表,並提供 Series 與 DataFrame 兩個儲存容器——Series 處理線性資料,DataFrame 處理二維資料。Numpy 用於數值計算,與快速地執行矩陣運算。以下分別介紹 Pandas 與 Numpy 的基礎概念與實作。

2-1 Pandas 的 Series

Series 用於處理線性資料。建立新的 Series 後,可以對 Series 內的元素進行修改、刪除、篩選、統計、排序等操作,以下詳細舉例說明。

2-1-1 建立 Series

我們可以使用串列或字典建立 Series。

(1) 使用串列建立 Series

行數	程式碼
1	`import pandas as pd`
2	`animal = pd.Series(["Cat", "Dog", "Fish", "Bird"])`
3	`print(animal)`
4	`print(animal.index)`
5	`print(animal.values)`

🎁 程式說明

✦ 第 1 行：匯入 pandas 函式庫，重新命名為 pd。

✦ 第 2 行：使用串列["Cat", "Dog", "Fish", "Bird"]建立 Series，變數 animal 參考到此結果。

✦ 第 3 行：顯示變數 animal。

✦ 第 4 到 5 行：顯示變數 animal 的索引值與值。

🎁 執行結果

```
0      Cat
1      Dog
2      Fish
3      Bird
dtype: object
RangeIndex(start=0, stop=4, step=1)
['Cat' 'Dog' 'Fish' 'Bird']
```

(2) 使用串列建立 Series，並自訂索引值

行數	程式碼
1	`animal = pd.Series(["Cat", "Dog", "Fish", "Bird"], index=["a", "b", "c", "d"])`
2	`print(animal)`
3	`print(animal[2])`
4	`print(animal['c'])`

🎁 程式說明

+ 第 1 行：使用串列["Cat", "Dog", "Fish", "Bird"]，索引值為["a", "b", "c", "d"]建立 Series，變數 animal 參考到此結果。

+ 第 2 行：顯示變數 animal。

+ 第 3 行：顯示變數 animal[2]的值。

+ 第 4 行：顯示變數 animal['c']的值。

🎁 執行結果

```
a     Cat
b     Dog
c    Fish
d    Bird
dtype: object
Fish
Fish
```

(3) 使用字典建立 Series

行數	程式碼
1	dic = {"r":"red","g":"green","b":"blue"}
2	color = pd.Series(dic)
3	print(color)

🎁 程式說明

+ 第 1 行：宣告字典 dic 為{"r":"red","g":"green","b":"blue"}。

+ 第 2 行：使用字典 dic 建立 Series，字典的鍵值轉換成 index，變數 color 參考到此結果。

+ 第 3 行：顯示變數 color。

🎁 執行結果

```
r      red
g    green
b     blue
dtype: object
```

2-1-2 修改、刪除與串接 Series

可以對 Series 進行修改元素、刪除元素與串接兩個 Series。

(1) 修改元素

行數	程式碼
1	animal = pd.Series(["Cat", "Dog", "Fish", "Bird"])
2	animal[1] = "Eagle"
3	print(animal)
4	animal = pd.Series(["Cat", "Dog", "Fish", "Bird"], index=["a", "b", "c", "d"])
5	animal["b"] = "Eagle"
6	print(animal)

🟦 程式說明

+ 第 1 行：使用串列["Cat", "Dog", "Fish", "Bird"]建立 Series，變數 animal 參考到此結果。

+ 第 2 行：設定 animal 的第 2 個元素為 Eagle。

+ 第 3 行：顯示變數 animal。

+ 第 4 行：使用串列["Cat", "Dog", "Fish", "Bird"]，索引值為["a", "b", "c", "d"]建立 Series，變數 animal 參考到此結果。

+ 第 5 行：設定 animal 索引值為 b 的元素為 Eagle。

+ 第 6 行：顯示變數 animal。

🟦 執行結果

```
0      Cat
1    Eagle
2     Fish
3     Bird
dtype: object
a      Cat
b    Eagle
c     Fish
d     Bird
dtype: object
```

(2) 刪除元素

行數	程式碼
1	animal = pd.Series(["Cat", "Dog", "Fish", "Bird"])
2	result = animal.drop(1)
3	print(result)
4	animal = pd.Series(["Cat", "Dog", "Fish", "Bird"], index=["a", "b", "c", "d"])
5	result = animal.drop("b")
6	print(result)

🔲 程式說明

✦ 第 1 行：使用串列["Cat", "Dog", "Fish", "Bird"]建立 Series，變數 animal 參考到此結果。

✦ 第 2 行：刪除 animal 的第 2 個元素，變數 result 參考到此結果。

✦ 第 3 行：顯示變數 result。

✦ 第 4 行：使用串列["Cat", "Dog", "Fish", "Bird"]，索引值為["a", "b", "c", "d"]建立 Series，變數 animal 參考到此結果。

✦ 第 5 行：刪除 animal 索引值為 b 的元素，變數 result 參考到此結果。

✦ 第 6 行：顯示變數 result。

🔲 執行結果

```
0     Cat
2     Fish
3     Bird
dtype: object
a     Cat
c     Fish
d     Bird
dtype: object
```

(3) 串接兩個 Series

行數	程式碼
1	`animal = pd.Series(["Cat", "Dog", "Fish", "Bird"])`
2	`other = pd.Series(["Tiger", "Ant"])`
3	`animal2 = animal.append(other)`
4	`print(animal2)`
5	`animal3 = animal.append(other,ignore_index = True)`
6	`print(animal3)`

程式說明

✦ 第 1 行：使用串列["Cat", "Dog", "Fish", "Bird"]建立 Series，變數 animal 參考到此結果。

✦ 第 2 行：使用串列["Tiger", "Ant"]建立 Series，變數 other 參考到此結果。

✦ 第 3 行：使用函式 append 串接 animal 與 other，變數 animal2 參考到此結果。

✦ 第 4 行：顯示變數 animal2。

✦ 第 5 行：請使用函式 append 串接 animal 以及 other，且設定 ignore_index 為 True，表示重新編索引值，變數 animal3 參考到此結果。

✦ 第 6 行：顯示變數 animal3。

執行結果

```
0      Cat
1      Dog
2     Fish
3     Bird
0    Tiger
1      Ant
dtype: object
0      Cat
1      Dog
2     Fish
3     Bird
4    Tiger
5      Ant
dtype: object
```

2-1-3　統計功能

Series 提供基本統計功能，例如：最大值、最小值、平均值與加總等。

行數	程式碼
1	`a = pd.Series(np.random.randint(0,100,5))`
2	`print(a)`
3	`print(a.max())`
4	`print(a.min())`
5	`print(a.mean())`
6	`print(a.sum())`
7	`print(a.nlargest(3))`
8	`print(a.nsmallest(3))`

◈ 程式說明

✦ 第 1 行：隨機產生 0 到 99 的 5 個整數，轉換成 Series，變數 a 參考到此結果。

✦ 第 2 行：顯示變數 a。

✦ 第 3 行：顯示變數 a 中的最大值。

✦ 第 4 行：顯示變數 a 中的最小值。

✦ 第 5 行：顯示變數 a 中的平均值。

✦ 第 6 行：顯示變數 a 中的總和。

✦ 第 7 行：顯示變數 a 中的最大三個元素。

✦ 第 8 行：顯示變數 a 中的最小三個元素。

🧊 執行結果

```
0     53
1     51
2     23            4      77
3     35            0      53
4     77            1      51
dtype: int32        dtype: int32
77                  2      23
23                  3      35
47.8                1      51
239                 dtype: int32
```

2-1-4 篩選功能

篩選功能表示只保留符合條件的元素。

(1) 使用比較運算子進行篩選

行數	程式碼
1	a = pd.Series(np.random.randint(0,100,5))
2	print(a)
3	print(a < 60)
4	print(a[a < 60])
5	print(a[a <= 60])
6	print(a[(a >= 60) & (a <=80)])

🧊 程式說明

✦ 第 1 行：隨機產生 0 到 99 的 5 個整數，轉換成 Series，變數 a 參考到此結果。

✦ 第 2 行：顯示變數 a。

✦ 第 3 行：顯示變數 a 中小於 60 的元素轉換成 True，否則轉換成 False。

✦ 第 4 行：顯示變數 a 中小於 60 的元素。

+ 第 5 行：顯示變數 a 中小於等於 60 的元素。

+ 第 6 行：顯示變數 a 中大於等於 60 且小於等於 80 的元素。

執行結果

```
0    72
1    38              1    38
2    54              2    54
3    67              4    24
4    24              dtype: int32
dtype: int32        1    38
0    False           2    54
1    True            4    24
2    True            dtype: int32
3    False           0    72
4    True            3    67
dtype: bool          dtype: int32
```

(2) 篩選空值

空值表示該欄位缺值，該欄位以 None 或 NaN 表示。

行數	程式碼
1	a = pd.Series(np.random.randint(0,100,5))
2	a[3] = None
3	print(a)
4	print(a[a.isnull()])
5	print(a[a.notnull()])

程式說明

+ 第 1 行：隨機產生 0 到 99 的 5 個整數，轉換成 Series，變數 a 參考到此結果。

+ 第 2 行：設定變數 a 的第 4 個元素為 None。

+ 第 3 行：顯示變數 a。

+ 第 4 行：顯示變數 a 中等於空值（None 或 NaN 視為空值）的元素。

✦ 第 5 行：顯示變數 a 中不等於空值（None 或 NaN 視為空值）的元素。

🎁 執行結果

```
0    20.0
1    11.0
2    36.0
3     NaN
4    51.0
dtype: float64
3     NaN
dtype: float64
0    20.0
1    11.0
2    36.0
4    51.0
dtype: float64
```

2-1-5 排序功能

我們可以對 Series 的元素值進行排序，也可以對 Series 的索引值進行排序。

行數	程式碼
1	a = pd.Series(np.random.randint(0, 100, 5))
2	print(a)
3	print(a.sort_values())
4	print(a.sort_values(ascending = False))
5	print(a.sort_index())
6	print(a.sort_index(ascending = False))

🎁 程式說明

✦ 第 1 行：隨機產生 0 到 99 的 5 個整數，轉換成 Series，變數 a 參考到此結果。

✦ 第 2 行：顯示變數 a。

✦ 第 3 行：對變數 a 的元素值由小到大排序，並顯示變數 a。

✦ 第 4 行：對變數 a 的元素值由大到小排序，並顯示變數 a。

✦ 第 5 行：對變數 a 的索引值由小到大排序，並顯示變數 a。

✦ 第 6 行：對變數 a 的索引值由大到小排序，並顯示變數 a。

🔷 執行結果

```
0    21
1    51
2    22
3    38
4    26
dtype: int32
0    21          0    21
2    22          1    51
4    26          2    22
3    38          3    38
1    51          4    26
dtype: int32    dtype: int32
1    51          4    26
3    38          3    38
4    26          2    22
2    22          1    51
0    21          0    21
dtype: int32    dtype: int32
```

2-2 Pandas 的 DataFrame

機器學習的輸入資料通常是二維資料，DataFrame 專門用於處理二維資料，機器學習輸入的資料，有時需要預先處理才能輸入機器學習模型，DataFrame 提供建立、刪除、修改、檢視與篩選資料，以下分別介紹。

2-2-1 建立 DataFrame

(1) 使用字典建立 DataFrame

行數	程式碼
1	`import pandas as pd`
2	`import numpy as np`
3	`dic = {`
4	`    "A": [1, 2, 3],`
5	`    "B": np.random.random(3),`
6	`    "C": ['cat', 'fish', 'bird'],`
7	`    "D": list('dog'),`
8	`    "E": pd.Series(range(3))`
9	`}`
10	`df = pd.DataFrame(dic)`
11	`print(df)`
12	`print(df.T)`

🔹 程式說明

+ 第 1 到 2 行：匯入函式庫。

+ 第 3 到 9 行：建立字典 dic，鍵值 A 對應到[1, 2, 3]，鍵值 B 對應到三個隨機值，鍵值 C 對應到['cat', 'fish', 'bird']，鍵值 D 對應到字串 dog，鍵值 E 對應到[0, 1, 2]。

+ 第 10 行：將字典 dic 傳換成 DataFrame，變數 df 參考到此結果。

+ 第 11 行：顯示變數 df。

+ 第 12 行：變數 df 行列互換，並顯示到螢幕上。

執行結果

```
      A          B      C  D  E
0     1   0.562371    cat  d  0
1     2   0.290459   fish  o  1
2     3   0.710254   bird  g  2
             0          1          2
A            1          2          3
B     0.562371   0.290459   0.710254
C          cat       fish       bird
D            d          o          g
E            0          1          2
```

(2) 使用二維陣列建立 DataFrame

行數	程式碼
1	df = pd.DataFrame(np.random.randint(1,20,12).reshape(3,4))
2	print(df)
3	print(df.describe())

程式說明

✦ 第 1 行：隨機產生 1 到 19 的 12 個整數，重新擺放成 3 列 4 行，轉換成 DataFrame，變數 df 參考到此結果。

✦ 第 2 行：顯示變數 df。

✦ 第 3 行：使用函式 describe 顯示變數 df 的基本統計資料。

執行結果

```
        0    1    2    3
0       9   15    2   12
1      11    6   17   15
2      17   13   19    6
               0          1          2          3
count   3.000000   3.000000   3.000000   3.000000
mean   12.333333  11.333333  12.666667  11.000000
std     4.163332   4.725816   9.291573   4.582576
min     9.000000   6.000000   2.000000   6.000000
25%    10.000000   9.500000   9.500000   9.000000
50%    11.000000  13.000000  17.000000  12.000000
75%    14.000000  14.000000  18.000000  13.500000
max    17.000000  15.000000  19.000000  15.000000
```

(3) 使用 index 指定列名稱，columns 指定行名稱

行數	程式碼
1	`df = pd.DataFrame(np.arange(1, 13).reshape(3,4))`
2	`print(df)`
3	`df = pd.DataFrame(np.arange(1, 13).reshape(3,4), index=list("甲乙丙"),` `columns = list("ABCD"))`
4	`print(df)`

程式說明

✦ 第 1 行：產生 1 到 12 的 12 個整數，重新擺放成 3 列 4 行，轉換成 DataFrame，變數 df 參考到此結果。

✦ 第 2 行：顯示變數 df。

✦ 第 3 行：產生 1 到 12 的 12 個整數，重新擺放成 3 列 4 行，轉換成 DataFrame，使用 index 指定列的索引名稱為["甲","乙","丙"]，行的索引名稱為["A","B","C","D"]，變數 df 參考到此結果。

✦ 第 4 行：顯示變數 df。

執行結果

```
   0   1   2   3
0  1   2   3   4
1  5   6   7   8
2  9  10  11  12
   A   B   C   D
甲  1   2   3   4
乙  5   6   7   8
丙  9  10  11  12
```

2-2-2 顯示 DataFrame

(1) 顯示資料的維度、欄位名稱、顯示某列某欄的資料內容

行數	程式碼
1	`df = pd.DataFrame(np.arange(1, 13).reshape(3,4))`
2	`print(df)`

行數	程式碼
3	print("資料筆數:", df.shape)
4	print("資料的欄位名稱,分別是:", df.keys())
5	print("第 1 列的資料內容:\n", df[0:1])
6	print("第 1 欄的資料內容:\n", df[0])
7	print("第 1 列第 4 欄的資料內容:",df[3][0])

🔷 程式說明

✦ 第 1 行:產生 1 到 12 的 12 個整數,重新擺放成 3 列 4 行,轉換成 DataFrame,變數 df 參考到此結果。

✦ 第 2 行:顯示變數 df。

✦ 第 3 行:顯示變數 df 的資料維度。

✦ 第 4 行:顯示變數 df 的欄位名稱。

✦ 第 5 行:顯示變數 df 的第 1 列資料。

✦ 第 6 行:顯示變數 df 的第 1 欄資料。

✦ 第 7 行:顯示變數 df 的第 1 列第 4 欄資料。

🔷 執行結果

```
    0   1   2   3
0   1   2   3   4
1   5   6   7   8
2   9   10  11  12
資料筆數: (3, 4)
資料的欄位名稱,分別是: RangeIndex(start=0, stop=4, step=1)
第1列的資料內容:
    0   1   2   3
0   1   2   3   4
第1欄的資料內容:
 0    1
1    5
2    9
Name: 0, dtype: int32
第1列第4欄的資料內容: 4
```

(2) 使用函式 head 與 tail

行數	程式碼
1	`dic = {`
2	`    "A": np.arange(1,11),`
3	`    "B": np.arange(11,21),`
4	`    "C": np.arange(21,31),`
5	`    "D": np.arange(31,41),`
6	`    "E": np.arange(41,51),`
7	`}`
8	`df = pd.DataFrame(dic)`
9	`print(df)`
10	`print(df.head())`
11	`print(df.tail(3))`

🔹 程式說明

✦ 第 1 到 7 行：建立字典 dic，鍵值 A 對應 1 到 10，鍵值 B 對應 11 到 20，鍵值 C 對應 21 到 30，鍵值 D 對應 31 到 40，鍵值 E 對應 41 到 50。

✦ 第 8 行：將字典 dic 傳換成 DataFrame，變數 df 參考到此結果。

✦ 第 9 行：顯示變數 df。

✦ 第 10 行：顯示變數 df 的前 5 列。

✦ 第 11 行：顯示變數 df 的後 3 列。

🔹 執行結果

```
    A   B   C   D   E           A   B   C   D   E
0   1  11  21  31  41      0   1  11  21  31  41
1   2  12  22  32  42      1   2  12  22  32  42
2   3  13  23  33  43      2   3  13  23  33  43
3   4  14  24  34  44      3   4  14  24  34  44
4   5  15  25  35  45      4   5  15  25  35  45
5   6  16  26  36  46          A   B   C   D   E
6   7  17  27  37  47      7   8  18  28  38  48
7   8  18  28  38  48      8   9  19  29  39  49
8   9  19  29  39  49      9  10  20  30  40  50
9  10  20  30  40  50
```

2-2-3 修改 DataFrame

(1) 使用 append 附加一列資料

行數	程式碼
1	df = pd.DataFrame(np.arange(1,13).reshape(3,4))
2	b = [[1, 2, 3, 4]]
3	df2 = df.append(b)
4	print(df2)
5	df2 = df.append(b, ignore_index=True)
6	print(df2)

💠 程式說明

+ 第 1 行：產生 1 到 12 的 12 個整數，重新擺放成 3 列 4 行，轉換成 DataFrame，變數 df 參考到此結果。

+ 第 2 行：設定變數 b 為[[1, 2, 3, 4]]。

+ 第 3 行：變數 df 串接變數 b，變數 df2 參考到此結果。

+ 第 4 行：顯示變數 df2。

+ 第 5 行：變數 df 串接變數 b，設定 ignore_index 為 True，表示重新編索引值，變數 df2 參考到此結果。

+ 第 6 行：顯示變數 df2。

💠 執行結果

```
    0   1   2   3
0   1   2   3   4
1   5   6   7   8
2   9  10  11  12
0   1   2   3   4
    0   1   2   3
0   1   2   3   4
1   5   6   7   8
2   9  10  11  12
3   1   2   3   4
```

(2) 使用函式 drop 刪除某行資料

行數	程式碼
1	`dic = {`
2	`    "A": np.arange(1,11),`
3	`    "B": np.arange(11,21),`
4	`    "C": np.arange(21,31),`
5	`    "D": np.arange(31,41),`
6	`    "E": np.arange(41,51),`
7	`}`
8	`df = pd.DataFrame(dic)`
9	`print(df.head(3))`
10	`df.drop(['C', 'D'], axis=1, inplace=True)`
11	`print(df.head(3))`

🔷 程式說明

✦ 第 1 到 7 行：建立字典 dic，鍵值 A 對應 1 到 10，鍵值 B 對應 11 到 20，鍵值 C 對應 21 到 30，鍵值 D 對應 31 到 40，鍵值 E 對應 41 到 50。

✦ 第 8 行：將字典 dic 傳換成 DataFrame，變數 df 參考到此結果。

✦ 第 9 行：顯示變數 df 的前 3 列。

✦ 第 10 行：使用函式 drop 刪除 C 與 D 欄，設定 inplace 為 True 表示直接修改變數 df。

✦ 第 11 行：顯示變數 df 的前 3 列。

🔷 執行結果

```
   A   B   C   D   E
0  1  11  21  31  41
1  2  12  22  32  42
2  3  13  23  33  43
   A   B   E
0  1  11  41
1  2  12  42
2  3  13  43
```

2-2-4 使用 iloc 與 loc 擷取 DataFrame

(1) 使用 iloc 擷取資料，iloc 使用索引值擷取資料

行數	程式碼
1	`dic = {`
2	`    "A": np.arange(1,11),`
3	`    "B": np.arange(11,21),`
4	`    "C": np.arange(21,31),`
5	`    "D": np.arange(31,41),`
6	`    "E": np.arange(41,51),`
7	`}`
8	`df = pd.DataFrame(dic)`
9	`print(df.iloc[:4, 1:4])`
10	`print(df.iloc[:4, 3:0:-1])`
11	`print(df.iloc[3::-1, 1:4])`

🔷 **程式說明**

✦ 第 1 到 7 行：建立字典 dic，鍵值 A 對應 1 到 10，鍵值 B 對應 11 到 20，鍵值 C 對應 21 到 30，鍵值 D 對應 31 到 40，鍵值 E 對應 41 到 50。

✦ 第 8 行：將字典 dic 傳換成 DataFrame，變數 df 參考到此結果。

✦ 第 9 行：顯示變數 df 的前 4 列，第 2 到 4 欄。

✦ 第 10 行：顯示變數 df 的前 4 列，第 4 到 2 欄。

✦ 第 11 行：顯示變數 df 的第 4 列到第 1 列，第 2 到 4 欄。

🔷 執行結果

```
      B   C   D
0   11  21  31
1   12  22  32
2   13  23  33
3   14  24  34
      D   C   B
0   31  21  11
1   32  22  12
2   33  23  13
3   34  24  14
      B   C   D
3   14  24  34
2   13  23  33
1   12  22  32
0   11  21  31
```

(2) 使用 loc 擷取資料，loc 使用名稱擷取資料

行數	程式碼
1	`dic = {`
2	`    "A": np.arange(1,11),`
3	`    "B": np.arange(11,21),`
4	`    "C": np.arange(21,31),`
5	`    "D": np.arange(31,41),`
6	`    "E": np.arange(41,51),`
7	`}`
8	`df = pd.DataFrame(dic)`
9	`print(df.loc[:3, 'B':'D'])`
10	`print(df.loc[:3, 'D':'B':-1])`
11	`print(df.loc[3::-1, 'B':'D'])`

🔷 程式說明

✦ 第 1 到 7 行：建立字典 dic，鍵值 A 對應 1 到 10，鍵值 B 對應 11 到 20，鍵值 C 對應 21 到 30，鍵值 D 對應 31 到 40，鍵值 E 對應 41 到 50。

✦ 第 8 行：將字典 dic 傳換成 DataFrame，變數 df 參考到此結果。

✦ 第 9 行：顯示變數 df 的前 4 列，B 欄到 D 欄。

✦ 第 10 行：顯示變數 df 的前 4 列，D 欄到 B 欄。

✦ 第 11 行：顯示變數 df 的第 4 列到第 1 列，B 欄到 D 欄。

🔷 執行結果

```
     B    C    D
0   11   21   31
1   12   22   32
2   13   23   33
3   14   24   34
     D    C    B
0   31   21   11
1   32   22   12
2   33   23   13
3   34   24   14
     B    C    D
3   14   24   34
2   13   23   33
1   12   22   32
0   11   21   31
```

2-2-5 在 DataFrame 篩選與找尋資料

(1) 使用條件判斷篩選資料

行數	程式碼
1	`dic = {`
2	`    "A": np.arange(1,11),`
3	`    "B": np.arange(11,21),`
4	`    "C": np.arange(21,31),`
5	`    "D": np.arange(31,41),`
6	`    "E": np.arange(41,51),`
7	`}`
8	`df = pd.DataFrame(dic)`
9	`display(df[(df.A < 5 ) & (df.B >= 12)])`

🎁 程式說明

✦ 第 1 到 7 行:建立字典 dic,鍵值 A 對應 1 到 10,鍵值 B 對應 11 到 20,鍵值 C 對應 21 到 30,鍵值 D 對應 31 到 40,鍵值 E 對應 41 到 50。

✦ 第 8 行:將字典 dic 傳換成 DataFrame,變數 df 參考到此結果。

✦ 第 9 行:顯示變數 df 的 A 欄小於 5,且 B 欄大於等於 12 的資料列。

🎁 執行結果

	A	B	C	D	E
1	2	12	22	32	42
2	3	13	23	33	43
3	4	14	24	34	44

(2) 找出特定字串

行數	程式碼
1	`dic = {`
2	`    "A": [1, 2, 3],`
3	`    "B": np.random.random(3),`
4	`    "C": ['cat', 'fish', 'bird'],`
5	`    "D": list('dog'),`
6	`    "E": pd.Series(range(3))`
7	`}`
8	`df = pd.DataFrame(dic)`
9	`df2 = df[df.C.str.contains("i")]`
10	`print(df2)`

🎁 程式說明

✦ 第 1 到 7 行:建立字典 dic,鍵值 A 對應到[1, 2, 3],鍵值 B 對應到三個隨機值,鍵值 C 對應到['cat', 'fish', 'bird'],鍵值 D 對應到字串 dog,鍵值 E 對應到[0, 1, 2]。

✦ 第 8 行：將字典 dic 傳換成 DataFrame，變數 df 參考到此結果。

✦ 第 9 行：找出變數 df 的 C 欄含有字元 i 的資料列，變數 df2 參考到此結果。

✦ 第 10 行：顯示變數 df2。

🔷 執行結果

```
   A         B     C  D  E
1  2  0.280132  fish  o  1
2  3  0.620894  bird  g  2
```

2-3　NumPy 的重要功能

NumPy 函式庫提供 ndarray 進行數值運算，ndarray 能夠快速地處理多維度向量運算。

2-3-1　建立 ndarray

(1) 產生隨機數值初始化 ndarray

行數	程式碼
1	`import numpy as np`
2	`a = np.random.randint(1,10,4)`
3	`print(a)`
4	`print(a.dtype)`
5	`print(a.shape)`

🔷 程式說明

✦ 第 1 行：匯入函式庫。

✦ 第 2 行：隨機產生 1 到 9 的 4 個整數元素的 ndarray，變數 a 參考到此結果。

✦ 第 3 行：顯示變數 a。

✦ 第 4 行：顯示變數 a 的資料型別。

✦ 第 5 行：顯示變數 a 的列數與行數。

◈ 執行結果

```
[8 5 4 9]
int32
(4,)
```

(2) 使用 list 初始化 ndarray

行數	程式碼
1	li1 = [i for i in range(10)]
2	a1 = np.array(li1)
3	print(a1)
4	print(a1.ndim)
5	print(a1.shape)
6	print(a1.dtype)
7	li2 = [[1,2,3],[4,5,6]]
8	a2 = np.array(li2)
9	print(a2)
10	print(a2.ndim)
11	print(a2.shape)
12	print(a2.dtype)

◈ 程式說明

✦ 第 1 行：產生數字 0 到數字 9 的串列，變數 li1 參考到此結果。

✦ 第 2 行：將變數 li1 轉換成 ndarray，變數 a1 參考到此結果。

✦ 第 3 行：顯示變數 a1。

✦ 第 4 行：顯示變數 a1 的維度。

✦ 第 5 行：顯示變數 a1 的列數與行數。

✦ 第 6 行：顯示變數 a1 的資料型別。

✦ 第 7 行：設定變數 li2 參考到二維陣列[[1,2,3],[4,5,6]]。

✦ 第 8 行：將變數 li2 轉換成 ndarray，變數 a2 參考到此結果。

✦ 第 9 行：顯示變數 a2。

✦ 第 10 行：顯示變數 a2 的維度。

✦ 第 11 行：顯示變數 a2 的列數與行數。

✦ 第 12 行：顯示變數 a2 的資料型別。

◈ 執行結果

```
[0 1 2 3 4 5 6 7 8 9]
1
(10,)
int32
[[1 2 3]
 [4 5 6]]
2
(2, 3)
int32
```

2-3-2 修改維度

使用函式 reshape 修改資料的維度、列數與行數。

行數	程式碼
1	a1 = np.arange(12)
2	print(a1)
3	print(a1.shape)
4	a2 = a1.reshape(3,4)
5	print(a2)
6	print(a2.shape)

◈ 程式說明

✦ 第 1 行：產生 0 到 11 整數的 ndarray，變數 a1 參考到此結果。

✦ 第 2 行：顯示變數 a1。

✦ 第 3 行：顯示變數 a1 的列數與行數。

✦ 第 4 行：將變數 a1 重新改成 3 列 4 行，變數 a2 參考到此結果。

+ 第 5 行：顯示變數 a2。

+ 第 6 行：顯示變數 a2 的列數與行數。

💠 執行結果

```
[ 0  1  2  3  4  5  6  7  8  9 10 11]
(12,)
[[ 0  1  2  3]
 [ 4  5  6  7]
 [ 8  9 10 11]]
(3, 4)
```

2-3-3 修改資料型別

(1) 使用 dtype 修改資料型別

行數	程式碼
1	`a1 = np.array([1,2,3], dtype=np.float64)`
2	`print(a1)`
3	`print(a1.dtype)`
4	`a2 = np.array([1,2,3], dtype=np.int32)`
5	`print(a2)`
6	`print(a2.dtype)`

💠 程式說明

+ 第 1 行：將[1,2,3]轉成 ndarray，設為浮點數，變數 a1 參考到此
  結果。

+ 第 2 行：顯示變數 a1。

+ 第 3 行：顯示變數 a1 的資料型別。

+ 第 4 行：將[1,2,3]轉成 ndarray，設為整數，變數 a2 參考到此結
  果。

+ 第 5 行：顯示變數 a2。

+ 第 6 行：顯示變數 a2 的資料型別。

💠 執行結果

```
[1. 2. 3.]
float64
[1 2 3]
int32
```

(2) 使用函式 astype 修改資料型別

行數	程式碼
1	a1 = np.array([1,2,3])
2	print(a1)
3	print(a1.dtype)
4	a2 = a1.astype(np.float64)
5	print(a2)
6	print(a2.dtype)

💠 程式說明

- ✦ 第 1 行：將[1,2,3]轉成 ndarray，變數 a1 參考到此結果。

- ✦ 第 2 行：顯示變數 a1。

- ✦ 第 3 行：顯示變數 a1 的資料型別。

- ✦ 第 4 行：使用 astype 將 a1 轉換成浮點數，變數 a2 參考到此結果。

- ✦ 第 5 行：顯示變數 a2。

- ✦ 第 6 行：顯示變數 a2 的資料型別。

💠 執行結果

```
[1 2 3]
int32
[1. 2. 3.]
float64
```

2-3-4 算數、比較與矩陣運算

(1) 算數運算與比較運算

行數	程式碼
1	`a1 = np.array([[1,2,3],[7,8,9]])`
2	`a2 = a1 + a1`
3	`print(a2)`
4	`a3 = a1 - a1`
5	`print(a3)`
6	`a4 = a1 * a1`
7	`print(a4)`
8	`a5 = a2 / a1`
9	`print(a5)`
10	`a6 = a1 ** 2`
11	`print(a6)`
12	`print(a2 < a4)`

🎁 程式說明

✦ 第 1 行：將[[1,2,3],[7,8,9]]轉成 ndarray，變數 a1 參考到此結果。

✦ 第 2 行：變數 a2 參考到變數 a1 加上變數 a1。

✦ 第 3 行：顯示變數 a2。

✦ 第 4 行：變數 a3 參考到變數 a1 減去變數 a1。

✦ 第 5 行：顯示變數 a3。

✦ 第 6 行：變數 a4 參考到變數 a1 乘以變數 a1。

✦ 第 7 行：顯示變數 a4。

✦ 第 8 行：變數 a5 參考到變數 a2 除以變數 a1。

✦ 第 9 行：顯示變數 a5。

✦ 第 10 行：變數 a6 參考到變數 a1 平方。

✦ 第 11 行：顯示變數 a6。

✦ 第 12 行：顯示變數 a2 是否小於 a4。

執行結果

```
[[  2   4   6]
 [14 16 18]]
[[0 0 0]
 [0 0 0]]
[[  1   4   9]
 [49 64 81]]
[[2. 2. 2.]
 [2. 2. 2.]]
[[  1   4   9]
 [49 64 81]]
[[False False  True]
 [ True  True  True]]
```

(2) 矩陣運算

行數	程式碼
1	a1 = np.arange(12).reshape(3,4)
2	print(a1)
3	print(a1.shape)
4	a1t = a1.T
5	print(a1t)
6	v = np.dot(a1,a1t)
7	print(v)

程式說明

✦ 第 1 行：產生 0 到 11 整數的 ndarray，改成 3 列 4 行，變數 a1 參考到此結果。

✦ 第 2 行：顯示變數 a1。

✦ 第 3 行：顯示變數 a1 的列數與行數。

✦ 第 4 行：將變數 a1 行列互換，變數 a1t 參考到此結果。

✦ 第 5 行：顯示變數 a1t。

✦ 第 6 行：將變數 a1 與變數 a1t 執行內積運算，變數 v 參考到此結果。。

✦ 第 7 行：顯示變數 v。

🔷 執行結果

```
[[ 0  1  2  3]
 [ 4  5  6  7]
 [ 8  9 10 11]]
(3, 4)
[[ 0  4  8]
 [ 1  5  9]
 [ 2  6 10]
 [ 3  7 11]]
[[ 14  38  62]
 [ 38 126 214]
 [ 62 214 366]]
```

線性迴歸

線性迴歸(Linear Regression)屬於監督式學習，探討獨立變數(Independent Variabe)與相依變數(Dependent Variable)的關係。建立線性迴歸模型，輸入獨立變數來推論與預測相依變數。

3-1 線性迴歸的運作原理

線性迴歸可以使用函式 y=f(x)表示，只要 x 為獨立變數，y 為相依變數，就可以使用此函式，輸入 x 來產生預估目標值 y。這種使用一個獨立變數和一個相依變數的線性迴歸稱作簡單線性回歸 (Simple Linear Regression)。

簡單線性迴歸 y=f(x)是一條直線，如右圖。

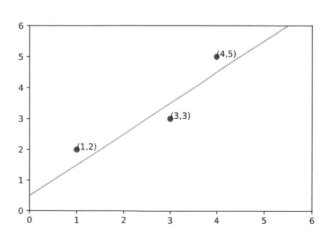

我們可以使用「y = m*x + b」表示一條直線，b 為截距(Intercept)，m 是斜率(Slope)。如上圖，該直線為「y = 1*x + 0.5」，截距為 0.5，斜率為 1。

線性迴歸適合預測連續性的目標值，例如：下雨量、溫度、房價、二氧化碳排放量…等，非連續性的目標值如：有或沒有、生存或死亡…等，則不適合使用線性迴歸來預估離散性的目標值。線性迴歸適合用於輸入資料（獨立變數）與輸出目標值（相依變數），使用獨立變數與相依變數進行繪圖，大概形成一條直線，此時可使用線性迴歸來進行預測，但並非所有連續性目標值的問題都可以使用線性迴歸，有時輸入值與目標值的分佈太過分散，無法找到能夠準確預估目標值的線。

想要找出一條損失（Loss）最少的線，首先就要定義損失（Loss）函式，線性迴歸最常用的損失函式為 **Mean Square Error（MSE，均方差）**，公式如下，預估值($\hat{y}_i$)與正確值(y_i)差平方和的平均值。

$$MSE = \frac{\sum_{i=1}^{n}(yi - \widehat{yi})^2}{n}$$

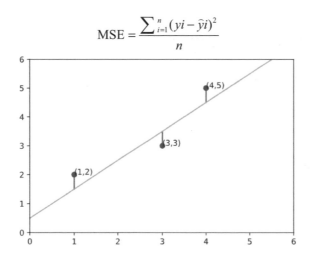

上圖三個點與線性迴歸的均方差(MSE)，計算過程如下表。當均方差(MSE)越大，表示 y 與預估 $\hat{y}$ 差異越大，降低此數值讓線性迴歸能夠更精確預估 y 值。

x	y	預估 ŷ
1	2	1.5
3	3	3.5
4	5	4.5
x	y	預估 ŷ

$$MSE = ((2\text{-}1.5)^2 + (3\text{-}3.5)^2 + (5\text{-}4.5)^2)/3 = 0.25$$

　　兩個以上的獨立變數和一個相依變數的線性迴歸稱做多元回歸（Multiple Regression）。假設有 n 筆輸入資料，每筆資料格式為「$(x_{i1}, x_{i2}, x_{i3}, ..., x_{im}, y_i)$」，這個問題就會變成找到適當的 α_0、α_1、α_2、α_3、...、α_m，讓「$\alpha_0 + \alpha_1 x_{i1} + \alpha_2 x_{i2} + \alpha_3 x_{i3} + ... + \alpha_m x_{im}$」產生的預估值 $\hat{y}_i$，與目標值 y_i 計算損失值，讓損失值越小越好，如下圖。

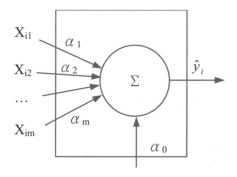

3-2 使用 sklearn 實作線性迴歸

　　使用 sklearn 實作線性迴歸，輸入獨立變數與相依變數到線性迴歸模型，就可計算出線性迴歸的係數與截距，使用此模型進行預估。使用 sklearn 實作線性迴歸的步驟如下：

step**01** 輸入資料

```
train_X, test_X, train_y, test_y = train_test_split(input_data, target, ↵
test_size=0.2, random_state=42, shuffle=True)
```

step**02** 建立與訓練線性迴歸模型

```
model = LinearRegression()
model.fit(train_X, train_y)
print ('係數: ', model.coef_)
print ('截距: ',model.intercept_)
```

step**03** 使用模型進行預測

```
pred = model.predict(test_X)
```

step**04** 使用 MSE 計算損失

```
score = mean_squared_error(pred, test_y)
print("MSE:", score)
```

3-3 線性迴歸模型實作範例

3-3-1 預測體重

【3-3-1 預測體重.ipynb】使用身高預估體重，本範例測資來自於 Kaggle 網站，可以從以下網址下載 data.csv：

```
https://www.kaggle.com/tmcketterick/heights-and-weights
```

step**01** 匯入資料

匯入 data.csv 到 DataFrame。

行數	程式碼
1	`from sklearn.linear_model import LinearRegression`
2	`from sklearn.model_selection import train_test_split`
3	`from sklearn.metrics import mean_squared_error`
4	`import pandas as pd`
5	`df = pd.read_csv("E:\data\data.csv")`
6	`print(df.head())`

🔷 程式說明

✦ 第 1 到 4 行：匯入函式庫

✦ 第 5 行：請從 Kaggle 網站下載 data.csv，本範例將檔案放置於 E 磁碟機的 data 資料夾，使用者可以自行更改為指定的磁碟機 與資料夾，讀取 data.csv 轉換成 DataFrame 儲存到變數 df。

✦ 第 6 行：函式 head 顯示變數 df 的前五筆資料。

🔷 執行結果

```
   Height  Weight
0    1.47   52.21
1    1.50   53.12
2    1.52   54.48
3    1.55   55.84
4    1.57   57.20
```

step02 檢查資料與分析資料

檢查資料是否有空值，顯示資料筆數、欄位名稱、第一筆資料與第一筆資料的目標值。

行數	程式碼
1	`print(df.isnull().values.sum())`
2	`print("資料筆數:", df.shape)`
3	`print("資料的欄位名稱，分別是:", df.keys())`
4	`print("第一筆的資料內容:", df.iloc[0,::])`
5	`print("第一筆的預測目標:",df['Weight'][0])`

🔷 程式說明

+ 第 1 行：使用函式 isnull 檢查資料是否有空值，如果欄位有空值就會回傳 True，轉換成數值 1，加總結果就會是空值個數。

+ 第 2 到 3 行：使用 shape 顯示資料的筆數，函式 keys 顯示欄位名稱。

+ 第 4 到 5 行：iloc 顯示指定範圍的資料內容，使用[]顯示指定欄位的資料內容。

🔷 執行結果

```
0
資料筆數: (15, 2)
資料的欄位名稱，分別是: Index(['Height', 'Weight'], dtype='object')
第一筆的資料內容: Height     1.47
Weight     52.21
Name: 0, dtype: float64
第一筆的預測目標: 52.21
```

step03 **繪製身高與體重分佈圖 dfdf**

使用繪圖了解資料間關係，繪製身高與體重的分佈圖。

行數	程式碼
1	import matplotlib.pyplot as plt
2	plt.rcParams['font.sans-serif'] = ['Microsoft YaHei']
3	plt.scatter(df.Height, df.Weight, color='blue')
4	plt.xlabel("身高")
5	plt.ylabel("體重")
6	plt.show()

🔷 程式說明

+ 第 1 行：匯入函式庫 matplotlib。

+ 第 2 行：設定繪圖的中文字型。

+ 第 3 到 6 行：使用 plt.scatter 繪製身高（df.Height）與體重（df.Weight）的散佈圖。

◈ 執行結果

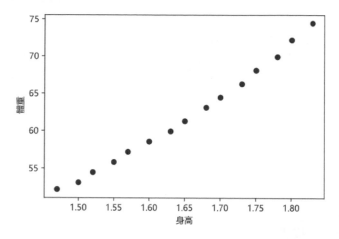

step04 整理資料

準備機器學習模型的訓練資料與測試資料。

行數	程式碼
1	`X = df.drop('Weight', axis=1)`
2	`y = df['Weight']`
3	`train_X, test_X, train_y, test_y = train_test_split(X, y,` `test_size=0.2, random_state=42)`
4	`print("原始資料集的維度大小:", df.shape)`
5	`print("訓練集的維度大小:  ", train_X.shape)`
6	`print("測試集的維度大小:  ", test_X.shape)`

◈ 程式說明

✦ 第 1 行：資料要先進行處理才能輸入線性迴歸模型，我們使用函式 drop 從輸入資料中去除體重（Weight），使用變數 X 參考到此執行結果。

✦ 第 2 行：取出相依變數體重（Weight），使用變數 y 參考到此執行結果。

+ 第 3 行：使用 train_test_split，將資料隨機挑選出訓練集與測試集，原始資料的百分之 80 為訓練集，剩餘百分之 20 為測試集，設定 random_state 為 42。

+ 第 4 到 6 行：使用 shape 顯示原始資料、訓練資料與測試資料的維度大小。

🔷 執行結果

```
原始資料集的維度大小：(15, 2)
訓練集的維度大小：    (12, 1)
測試集的維度大小：    (3, 1)
```

step 05 建立與訓練模型

使用 LinearRegression 建立模型與訓練模型。

行數	程式碼
1	model = LinearRegression()
2	model.fit(train_X, train_y)
3	print ('Coefficients: ', model.coef_)
4	print ('Intercept: ',model.intercept_)

🔷 程式說明

+ 第 1 行：建立線性迴歸模型。

+ 第 2 行：輸入訓練資料到模型進行訓練。

+ 第 3 到 4 行：顯示模型係數與截距。

🔷 執行結果

```
Coefficients:  [63.13171913]
Intercept:  -42.178608958837785
```

step 06 模型預測

輸入測試資料到模型進行預測，並計算損失值（MSE）。

行數	程式碼
1	`pred = model.predict(test_X)`
2	`score = mean_squared_error(pred, test_y)`
3	`print("MSE:", score)`

🔹 程式說明

✦ 第 1 行：以 test_X 為輸入，使用函式 predict 進行預測，使用變數 pred 參考到此結果。

✦ 第 2 行：使用函式 mean_squared_error 計算預測結果 pred，與目標結果 test_y 的損失 MSE，使用變數 score 參考到此結果。

✦ 第 3 行：顯示變數 score。

🔹 執行結果

```
MSE: 1.0029930838678223
```

step07 繪製身高與體重散布圖與線性迴歸分析圖

行數	程式碼
1	`import matplotlib.pyplot as plt`
2	`plt.rcParams['font.sans-serif'] = ['Microsoft YaHei']`
3	`plt.scatter(X, y,  color='blue')`
4	`plt.plot(test_X, pred, c="red")`
5	`plt.xlabel("身高")`
6	`plt.ylabel("體重")`
7	`plt.show()`

🔹 程式說明

使用「plt.plot(test_X, pred, c="red")」繪製身高與體重線性迴歸分析圖（第 4 行），其餘請參考 step03 的說明。

執行結果

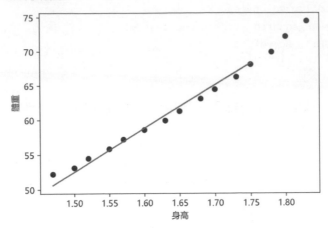

3-3-2 預測房價

【3-3-2 預測房價.ipynb】使用房屋買賣資訊,例如:坪數、樓層、房間數等預估房價,本範例測資來自於 Kaggle 網站,可以從以下網址下載 kc_house_data.csv:

https://www.kaggle.com/swathiachath/kc-housesales-data

step01 匯入資料

匯入 kc_house_data.csv 到 DataFrame。

行數	程式碼
1	from sklearn.datasets import load_boston
2	from sklearn.linear_model import LinearRegression
3	from sklearn.model_selection import train_test_split
4	from sklearn.metrics import mean_squared_error
5	import pandas as pd
6	import matplotlib.pyplot as plt
7	df = pd.read_csv("E:/data/kc_house_data.csv")
8	print(df.head())

🔷 程式說明

+ 第 1 到 6 行：匯入函式庫。

+ 第 7 行：匯入 kc_house_data.csv 到 DataFrame，使用變數 df 參考到此結果。

+ 第 8 行：函式 head 顯示變數 df 的前五筆資料。

🔷 執行結果

```
          id        date     price  bedrooms  bathrooms  sqft_living  \
0  7129300520  10/13/2014  221900.0         3       1.00         1180
1  6414100192   12/9/2014  538000.0         3       2.25         2570
2  5631500400   2/25/2015  180000.0         2       1.00          770
3  2487200875   12/9/2014  604000.0         4       3.00         1960
4  1954400510   2/18/2015  510000.0         3       2.00         1680

   sqft_lot  floors  waterfront  view  ...  grade  sqft_above  sqft_basement  \
0      5650     1.0           0     0  ...      7        1180              0
1      7242     2.0           0     0  ...      7        2170            400
2     10000     1.0           0     0  ...      6         770              0
3      5000     1.0           0     0  ...      7        1050            910
4      8080     1.0           0     0  ...      8        1680              0

   yr_built  yr_renovated  zipcode      lat     long  sqft_living15  \
0      1955             0    98178  47.5112 -122.257           1340
1      1951          1991    98125  47.7210 -122.319           1690
2      1933             0    98028  47.7379 -122.233           2720
3      1965             0    98136  47.5208 -122.393           1360
4      1987             0    98074  47.6168 -122.045           1800
```

step02 檢查資料

檢查資料是否有空值，顯示資料筆數、欄位名稱、第一筆資料與第一筆資料的目標值。

行數	程式碼
1	`print(df.isnull().values.sum())`
2	`print("資料筆數:", df.shape)`
3	`print("資料的欄位名稱，分別是:", df.keys())`
4	`print("第一筆的資料內容:", df.iloc[0,::])`
5	`print("第一筆的預測目標:",df['price'][0])`

程式說明

✦ 第 1 行：使用函式 isnull 檢查資料是否有空值，如果欄位有空值
   就會回傳 True，轉換成數值 1，加總結果就會是空值個數。

✦ 第 2 到 3 行：使用 shape 顯示資料的筆數，函式 keys 顯示欄位
   名稱。

✦ 第 4 到 5 行：iloc 顯示指定範圍的資料內容，使用[]顯示指定欄
   位的資料內容。

執行結果

```
0
資料筆數: (21597, 21)
資料的欄位名稱，分別是: Index(['id', 'date', 'price', 'bedrooms', 'bathrooms', 'sqft_living',
       'sqft_lot', 'floors', 'waterfront', 'view', 'condition', 'grade',
       'sqft_above', 'sqft_basement', 'yr_built', 'yr_renovated', 'zipcode',
       'lat', 'long', 'sqft_living15', 'sqft_lot15'],
      dtype='object')
第一筆的資料內容: id                7129300520
date            10/13/2014
price               221900
bedrooms                 3
bathrooms                1
sqft_living           1180
sqft_lot              5650
floors                   1
waterfront               0
view                     0
condition                3
grade                    7
sqft_above            1180
sqft_basement            0
yr_built              1955
```

繪製房間數與房價、屋齡與房價的關係圖。

行數	程式碼
1	df.age = 2021 - df.yr_built
2	plt.rcParams['font.sans-serif'] = ['Microsoft YaHei']
3	plt.scatter(df.bedrooms, df.price, color='blue')
4	plt.xlabel("房間數")
5	plt.ylabel("房價")
6	plt.show()
7	plt.scatter(df.age, df.price, color='red')
8	plt.xlabel("屋齡")
9	plt.ylabel("房價")
10	plt.show()

🔶 程式說明

+ 第 1 行:計算屋齡到欄位 age。

+ 第 2 行:設定繪圖的中文字型。

+ 第 3 到 6 行:使用 plt.scatter 繪製房間數(df.bedrooms)與房價(df.price)的散佈圖。

+ 第 7 到 10 行:使用 plt.scatter 繪製屋齡(df.age)與房價(df.price)的散佈圖。

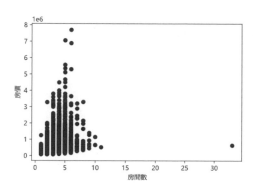 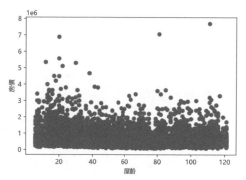

step03 整理資料

準備機器學習模型的訓練資料與測試資料。

行數	程式碼
1	`X = df.drop(['price','id','date','yr_built','zipcode', 'lat','long'],axis=1)`
2	`y = df['price']/10000`
3	`train_X, test_X, train_y, test_y = train_test_split(X, y, test_size=0.2, random_state=42)`
4	`print("原始資料集的維度大小:", df.shape)`
5	`print("訓練集的維度大小:   ", train_X.shape)`
6	`print("測試集的維度大小:   ", test_X.shape)`

程式說明

+ 第 1 行：刪除不需要的欄位，price（價格）、id（編號）、date（成交日期）、zipcode（郵遞區號）、lat（緯度）、long（經度）與房屋售價無關，yr_built（完工日期）已經轉換成屋齡。

+ 第 2 行：price（售價）以萬為單位。

+ 第 3 行：使用 train_test_split 將資料隨機挑選出訓練集以及測試集，原始資料的百分之 80 為訓練集，剩餘百分之 20 為測試集，設定 random_state 為 42。

+ 第 4 到 6 行：用 shape 顯示原始資料、訓練資料與測試資料的維度大小。

執行結果

```
原始資料集的維度大小: (21597, 21)
訓練集的維度大小:    (17277, 14)
測試集的維度大小:    (4320, 14)
```

step04 建立與訓練模型

使用 LinearRegression 建立模型與訓練模型。

行數	程式碼
1	model = LinearRegression()
2	model.fit(train_X, train_y)
3	print ('係數: ', model.coef_)
4	print ('截距: ',model.intercept_)

程式說明

+ 第 1 行：建立線性迴歸模型。

+ 第 2 行：輸入訓練資料到模型進行訓練。

+ 第 3 到 4 行：顯示模型係數與截距。

執行結果

```
係數: [-3.78781857e+00 -1.52864509e+00  1.32665058e-02 -6.70149400e-07
  3.31320065e-02  5.60464239e+01  5.59216385e+00  6.02040596e+00
  1.03865655e+01  4.93186184e-03  8.33464398e-03  7.30975626e-03
  1.78478257e-03 -8.14708424e-05]
截距: -73.70388037004294
```

step05 模型預測

輸入測試資料到模型進行預測，並計算損失值（MSE）。

行數	程式碼
1	pred = model.predict(test_X)
2	score = mean_squared_error(pred, test_y)
3	print("MSE:", score)

程式說明

✦ 第 1 行：以 test_X 為輸入，使用函式 predict 進行預測，使用變數 pred 參考到此結果。

✦ 第 2 行：使用函式 mean_squared_error 計算預測值 pred，與目標值 test_y 的損失 MSE，使用變數 score 參考到此結果。

✦ 第 3 行：顯示變數 score。

執行結果

```
MSE: 522.1628411374705
```

step06 只使用房間數進行線性迴歸

行數	程式碼
1	train_X_RM = train_X.loc[:, ['bedrooms']]
2	test_X_RM = test_X.loc[:, ['bedrooms']]
3	model2 = LinearRegression()
4	model2.fit(train_X_RM, train_y)
5	print("訓練集的維度大小: ", train_X_RM.shape)
6	print("測試集的維度大小: ", test_X_RM.shape)

行數	程式碼
7	print ('係數: ', model2.coef_)
8	print ('截距: ',model2.intercept_)
9	pred = model2.predict(test_X_RM)
10	score = mean_squared_error(pred, test_y)
11	print("MSE:", score)

🔷 程式說明

使用「loc[:, ['bedrooms']]」只取出欄位 bedrooms 進行分析（第 1 到 2 行），其餘請參考本範例之前說明。

🔷 執行結果

可以發現當使用欄位越少時，損失值(MSE)數值越大。

```
訓練集的維度大小:     (17277, 1)
測試集的維度大小:     (4320, 1)
係數:  [12.86822909]
截距:  10.723024284123177
MSE: 1202.5261806707208
```

3-4 習題

一. 問答題

1. 舉例說明線性迴歸模型運作過程。

2. 使用文字與程式寫出線性迴歸模型的操作步驟。

二. 實作題

預估保險費用

從以下網址下載資料檔 insurance.csv。

```
https://www.kaggle.com/teertha/ushealthinsurancedataset
```

資料集前五列的部分資料如下。

	age	sex	bmi	children	smoker	region	charges
0	19	female	27.900	0	yes	southwest	16884.92400
1	18	male	33.770	1	no	southeast	1725.55230
2	28	male	33.000	3	no	southeast	4449.46200
3	33	male	22.705	0	no	northwest	21984.47061
4	32	male	28.880	0	no	northwest	3866.85520

建立一個線性迴歸模型，輸入顧客基本資料，預估保險費用（欄位 charges），撰寫程式完成以下功能。

1. 匯入資料檔 insurance.csv 到一個 DataFrame。

2. 檢查與統計資料

   (1) 檢查是否有空值、資料筆數、欄位名稱、第一筆資料內容、第一筆資料的目標值。

(2) 使用欄位 age 與 charges、sex 與 charges 分別繪製分布圖。

3. 產生訓練資料集與測試資料集

(1) 使用欄位 charges 為相依變數(y)。

(2) 線性規劃需要數值欄位為獨立變數,將欄位 sex 的 male 與 female 轉換成 0 與 1,就可以當成獨立變數,可以使用以下程式進行轉換。

```
from sklearn.preprocessing import LabelEncoder
LE = LabelEncoder()
data['sex'] = LE.fit_transform(data['sex'])
```

使用上述程式碼,將所需要的字串欄位轉換成數值。

(3) 將輸入資料刪除欄位 charges 組成獨立變數(X),請確認是否有需要刪除的欄位,並說明原因。

(4) 隨機挑選輸入資料的 80% 為訓練資料集與剩餘 20% 為測試資料集。

4. 建立模型與訓練模型。使用 LinearRegression 建立線性迴歸模型,並輸入訓練資料集進行訓練。

5. 評估模型。使用測試資料集評估模型的均方差（Mean Square Error）。

邏輯迴歸

4

邏輯迴歸（Logistic Regression）屬於監督式學習，用於二分類問題，例如：成功或失敗、是或否、有影響或沒影響等，邏輯迴歸會分別計算出兩者的機率，機率高者為解答，例如抽菸是否比較容易得肺癌，預估結果為「是或否」這類問題，就可以使用邏輯迴歸進行分析。

4-1 邏輯迴歸的運作原理

邏輯迴歸的運作原理的示意圖如下：

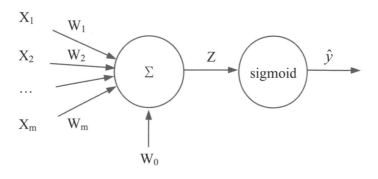

　　邏輯迴歸的前半部使用線性方程式，假設邏輯迴歸的每筆訓練資料有 m 個獨立變數，令為 x_1、x_2、...、x_m，及一個相依變數 y（監督式學習，表示已知的成功與否），y 的值不是 1 就是 0，1 表示成功，0 表示失敗。獨立變數經由線性方程式「$Z = W_0 + W_1x_1 + W_2x_2 + W_3x_3 + ... + W_mx_m$」進行轉換，將線性方程式運算結果 Z 輸入函式 sigmoid（定義如下圖左），轉換成數值 0 到 1 之間的機率值，令為 $\hat{y}$，就可以獲得「成功」或「失敗」的機率。若機率($\hat{y}$)大於 50%，就是表示成功，若機率($\hat{y}$)小於 50%，就是表示失敗。根據函式 sigmoid 的定義，若 Z 大於 0，則輸出值大於 0.5，表示機率大於 50%，代表成功。

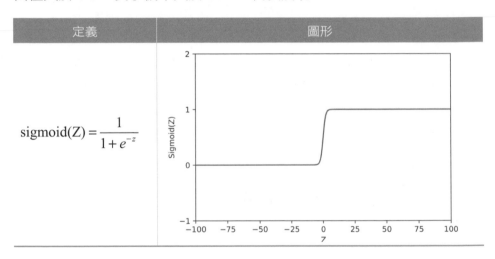

定義	圖形
$$sigmoid(Z) = \frac{1}{1 + e^{-z}}$$	

　　此為監督式學習，已知相依變數 y，若 y 等於 1，且預估結果 $\hat{y}$ 大於 50%，表示預估結果正確；若 y 等於 0，且預估結果 $\hat{y}$ 小於 50%，表示預估結果正確；反之表示預估結果錯誤。邏輯迴歸就是找出適當的參數 W_0、W_1、W_2、...、W_m，使得產生的預估機率 $\hat{y}$，與輸入的目標值 y 盡量一致。舉例來說，下圖為兩種鳶尾花的分類，利用萼片的長度與花瓣的長度是否能夠成功分類兩種鳶尾花，經由邏輯迴歸找出適當的 W_0、W_1 與 W_2，會對應出一條機率 50%（線性方程式計算結果 Z 等於 0）的線，該線的

一側表示為一種鳶尾花，另一側表示另一種鳶尾花，邏輯迴歸的目標就是盡量區分出兩種鳶尾花。

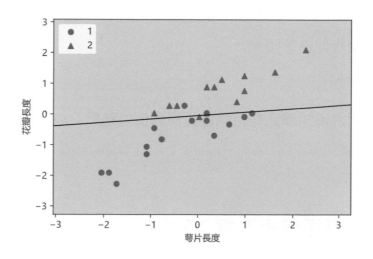

4-2 使用 sklearn 實作邏輯迴歸

　　使用 sklearn 實作邏輯迴歸，每筆資料由獨立變數 x_1、x_2、...、x_m 與相依變數 y 組成，獨立變數 x_1、x_2、...、x_m 輸入模型前，可以使用 StandardScaler 進行輸入資料標準化，讓每個輸入的 x_i 平均值為 0，標準差的平方為 1。將每筆資料輸入邏輯迴歸模型就可計算出邏輯迴歸的參數 W，接著使用此模型進行預估。使用 sklearn 實作邏輯迴歸的步驟如下。

(1) 輸入資料

```
train_X, test_X, train_y, test_y = train_test_split(input_data, target, ↵
test_size=0.2, random_state=42, shuffle=True)
sc = StandardScaler()
train_X_std = sc.fit_transform(train_X)
test_X_std = sc.fit_transform(test_X)
```

(2) 建立與訓練模型

```
model = LogisticRegression()
model.fit(train_X_std, train_y['target'])
```

(3) 使用模型進行預測

```
model.predict(test_X_std)
```

(4) 使用混淆矩陣比較目標值與預測值的差異

```
cm = confusion_matrix(test_y['target'],model.predict(test_X_std))
print(cm)
```

4-3 邏輯迴歸模型實作範例

4-3-1 使用邏輯迴歸分類鳶尾花

【4-3-1 使用邏輯迴歸分類鳶尾花.ipynb】使用花瓣長度與萼片長度經由邏輯迴歸預估鳶尾花的種類，本範例測資來自於 sklearn.datasets 的函式 load_iris 下載鳶尾花資料。

```
from sklearn.datasets import load_iris
iris = load_iris()
```

step01 匯入資料

從 sklearn.datasets 匯入鳶尾花資料，並匯入本單元所需的所有函式庫。

行數	程式碼
1	from sklearn.datasets import load_iris
2	import pandas as pd
3	import numpy as np
4	import matplotlib.pyplot as plt

行數	程式碼
5	`from matplotlib.colors import ListedColormap`
6	`from sklearn.model_selection import train_test_split`
7	`from sklearn.preprocessing import StandardScaler`
8	`from sklearn.linear_model import LogisticRegression`
9	`from sklearn.metrics import confusion_matrix`
10	`iris = load_iris()`
11	`X = pd.DataFrame(iris['data'], columns=iris['feature_names'])`
12	`y = pd.DataFrame(iris['target'], columns=['target'])`
13	`iris = pd.concat([X,y], axis=1)`
14	`print(iris.head())`

🔷 程式說明

+ 第 1 到 9 行：匯入函式庫。

+ 第 10 行：使用函式 load_iris 匯入鳶尾花資料集到變數 iris。

+ 第 11 行：讀取鳶尾花資料集的 data，以鳶尾花資料集的 feature_names 為行名稱轉換成 DataFrame，當成模型的獨立變數到變數 X。

+ 第 12 行：讀取鳶尾花資料集的 target，以 target 為行名稱轉換成 DataFrame，當成模型的相依變數到變數 y。

+ 第 13 行：以行為主方式，串接 X 與 y，使用變數 iris 參考到此結果。

+ 第 14 行：使用函式 head 顯示變數 iris 前五筆資料。

🔷 執行結果

	sepal length (cm)	sepal width (cm)	petal length (cm)	petal width (cm)	target
0	5.1	3.5	1.4	0.2	0
1	4.9	3.0	1.4	0.2	0
2	4.7	3.2	1.3	0.2	0
3	4.6	3.1	1.5	0.2	0
4	5.0	3.6	1.4	0.2	0

step02 檢查資料

檢查資料是否有空值、資料維度大小、欄位名稱、第一筆資料內容與目標值。

行數	程式碼
1	`print(iris.isnull().values.sum())`
2	`print("資料筆數:", iris.shape)`
3	`print("資料的欄位名稱,分別是:", iris.keys())`
4	`print("第一筆的資料內容:", iris.iloc[0,::])`
5	`print("第一筆的預測目標:",iris['target'][0])`

◆ 程式說明

✦ 第 1 行:使用函式 isnull 檢查資料是否有空值,如果欄位有空值就會回傳 True,轉換成數值 1,加總結果就會是空值個數。

✦ 第 2 到 3 行:使用 shape 顯示資料的筆數,函式 keys 顯示欄位名稱。

✦ 第 4 到 5 行:使用 iloc 顯示指定範圍的資料內容,使用[]顯示指定欄位的資料內容。

◆ 執行結果

```
0
資料筆數: (150, 5)
資料的欄位名稱,分別是: Index(['sepal length (cm)', 'sepal width (cm)', 'petal length (cm)',
      'petal width (cm)', 'target'],
      dtype='object')
第一筆的資料內容: sepal length (cm)    5.1
sepal width (cm)     3.5
petal length (cm)    1.4
petal width (cm)     0.2
target               0.0
Name: 0, dtype: float64
第一筆的預測目標: 0
```

step03 分析資料

使用繪圖了解資料間關係,繪圖萼片長度、花瓣長度與鳶尾花的分佈圖。

行數	程式碼
1	`plt.rcParams['font.sans-serif'] = ['Microsoft YaHei']`
2	`markers = ('o', '^', 'x')`
3	`colors = ('red', 'green', 'blue')`
4	`cmap = ListedColormap(colors[:len(np.unique(y))])`
5	`y = iris['target'].values`
6	`for i, t in enumerate(np.unique(y)):`
7	`    p = iris[y == t]`
8	`    plt.scatter(x=p['sepal length (cm)'], y=p['petal length (cm)'], c=cmap(i), marker=markers[i],  label=t)`
9	`plt.xlabel('萼片長度')`
10	`plt.ylabel('花瓣長度')`
11	`plt.legend(loc='upper left')`
12	`plt.show()`

❖ 程式說明

+ 第 1 行：設定繪圖的中文字型。

+ 第 2 到 3 行：設定三種圖形標記與三種顏色，讓每一種鳶尾花使用不同圖形標記與顏色。

+ 第 4 行：將顏色名稱陣列 colors 輸入到 ListedColormap，使用 cmap 參考到此結果，等一下函式 scatter 會使用。

+ 第 5 行：設定變數 y 為資料集 iris 欄位 target 的數值。

+ 第 6 到 8 行：使用迴圈依序取出每一種鳶尾花，使用 plt.scatter 繪製萼片長度、花瓣長度與鳶尾花的分佈圖，取出資料集 iris 欄位「sepal length (cm)」為 x，取出資料集 iris 欄位「petal length (cm)」為 y，顏色 c 使用 cmap，圖形標記使用陣列 marker，標籤使用陣列 t。

+ 第 9 到 10 行：X 軸標籤設定為「萼片長度」，Y 軸標籤設定為「花瓣長度」。

+ 第 11 行：圖例標記於左上方。

+ 第 12 行：顯示圖片。

◆ 執行結果

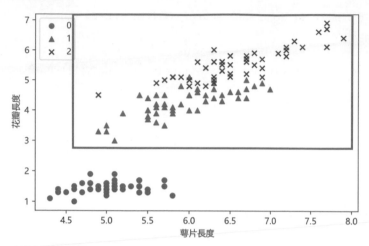

　　由上圖可知，右上部的第 1 類與第 2 類鳶尾花混在一起，不是線性可分割問題，本範例刻意取第 1 類與第 2 類鳶尾花作邏輯迴歸，一定會發生辨識錯誤。

step**04** 　準備訓練資料與測試資料

　　準備機器學習模型的訓練資料與測試資料。

行數	程式碼
1	iris = iris[['sepal length (cm)','petal length (cm)','target']]
2	iris = iris[iris['target'].isin([1,2])]
3	print(iris['target'].value_counts())

◆ 程式說明

✦ 第 1 行：取出 iris 資料集欄位「sepal length (cm)」、「petal length (cm)」與「target」，指定給變數 iris。

✦ 第 2 行：取出 iris 資料集欄位「target」等於 1 與 2（第 1 類與第 2 類鳶尾花）的資料到變數 iris。

✦ 第 3 行：使用函式 value_counts 計算每兩種鳶尾花的個數。

執行結果

```
2    50
1    50
Name: target, dtype: int64
```

將資料分成測試資料集與訓練資料集。

行數	程式碼
1	`train_X, test_X, train_y, test_y = train_test_split(` `iris[['sepal length (cm)','petal length (cm)']], iris[['target']],` `test_size=0.3, random_state=42)`
2	`sc = StandardScaler()`
3	`train_X_std = sc.fit_transform(train_X)`
4	`test_X_std = sc.fit_transform(test_X)`
5	`print("訓練集的維度大小:  ", train_X_std.shape)`
6	`print("測試集的維度大小:  ", test_X_std.shape)`

程式說明

- ✦ 第 1 行：使用函式 train_test_split，以 iris 資料集欄位「sepal length (cm)」、「petal length (cm)」為獨立變數，iris 資料集欄位「target」為相依變數，隨機挑選出訓練集與測試集，原始資料的百分之 70 為訓練集，剩餘百分之 30 為測試集，設定 random_state 為 42。

- ✦ 第 2 到 4 行：使用 StandardScaler 標準化輸入資料，讓輸入欄位「sepal length (cm)」與欄位「petal length (cm)」的平均值為 0，標準差平方為 1。

- ✦ 第 5 到 6 行：使用 shape 顯示訓練資料與測試資料的筆數。

執行結果

```
訓練集的維度大小:    (70, 2)
測試集的維度大小:    (30, 2)
```

step**05** **建立與訓練模型**

使用 LogisticRegression 建立模型與訓練模型。

行數	程式碼
1	model = LogisticRegression()
2	model.fit(train_X_std, train_y['target'])
3	print ('係數: ', model.coef_)
4	print ('截距: ',model.intercept_)

🔷 **程式說明**

✦ 第 1 行：建立邏輯迴歸模型。

✦ 第 2 行：輸入訓練資料到模型進行訓練。

✦ 第 3 到 4 行：顯示模型係數與截距。

🔷 **執行結果**

```
係數:  [[-0.34765442  3.24909418]]
截距:  [0.23340114]
```

step**06** **模型預測**

輸入測試資料到模型進行預測。

行數	程式碼
1	print(model.predict(test_X_std))
2	print(test_y['target'].values)
3	print(model.predict_proba(test_X_std))

🔷 **程式說明**

✦ 第 1 行：以 test_X_std 為輸入，使用函式 predict 進行預測，顯示結果到螢幕上。

✦ 第 2 行：顯示資料集 test_y 欄位 target 的數值，可以比較預測結果（第 1 行）與目標值（第 2 行）的差異。

✦ 第 3 行：使用函式 predict_proba 計算 test_X_std 為輸入的機率。

📦 執行結果

```
[1 2 1 2 2 2 1 2 2 2 2 2 2 1 1 1 2 1 2 1 2 1 1 1 2 1 2 1 1 1 2 2 1]
[1 2 1 2 2 2 1 2 2 2 2 2 2 1 1 1 1 1 1 1 1 1 2 1 2 1 1 1 2 2 2]
[[0.6013206  0.3986794 ]
 [0.04650697 0.95349303]
 [0.51803756 0.48196244]
 [0.00194219 0.99805781]
 [0.01632968 0.98367032]
 [0.01934199 0.98065801]
 [0.71668035 0.28331965]
 [0.43519795 0.56480205]
 [0.0241716  0.9758284 ]
 [0.22766104 0.77233896]
 [0.04650697 0.95349303]
 [0.2097249  0.7902751 ]
 [0.04902982 0.95097018]
 [0.60274214 0.39725786]
 [0.99488731 0.00511269]
 [0.97422994 0.02577006]]
```

使用混淆矩陣進行分析，發現有 3 個輸入辨別錯誤。

行數	程式碼
1	`cm = confusion_matrix(test_y['target'],model.predict(test_X_std))`
2	`print(cm)`

📦 程式說明

✦ 第 1 行：輸入 test_y['target']與 model.predict(test_X_std)到函式 confusion_matrix 計算混淆矩陣，使用變數 cm 參考到此結果。

✦ 第 2 行：顯示變數 cm。

📦 執行結果

```
[[13  2]
 [ 1 14]]
```

本範例延伸應用 – 繪製輸入資料與邏輯迴歸分布圖

行數	程式碼
1	`plt.rcParams['font.sans-serif'] = ['Microsoft YaHei']`
2	`X = test_X_std`
3	`y = test_y['target'].values`
4	`markers = ('o', '^', 'x')`
5	`colors = ('red', 'green', 'blue')`
6	`cmap = ListedColormap(colors[:len(np.unique(y))])`
7	`x0min, x0max = X[:, 0].min() - 1, X[:, 0].max() + 1`
8	`x1min, x1max = X[:, 1].min() - 1, X[:, 1].max() + 1`
9	`a, b = np.meshgrid(np.arange(x0min, x0max, 0.03), np.arange(x1min, x1max, 0.03))`
10	`Z = model.predict(np.array([a.ravel(), b.ravel()]).T)`
11	`Z = Z.reshape(a.shape)`
12	`plt.contourf(a, b, Z, alpha=0.3, cmap=cmap)`
13	`plt.xlim(a.min(), a.max())`
14	`plt.ylim(b.min(), b.max())`
15	`for i, t in enumerate(np.unique(y)):`
16	`    p = X[y == t]`
17	`    plt.scatter(x=p[:,0],  y=p[:,1], c=cmap(i), marker=markers[i], label=t)`
18	`plt.xlabel('萼片長度')`
19	`plt.ylabel('花瓣長度')`
20	`plt.legend(loc='upper left')`
21	`plt.show()`

🔷 程式說明

✦ 第 1 行：設定繪圖的中文字形。

✦ 第 2 行：設定 X 為 test_X_std。

✦ 第 3 行：y 為 test_y 的欄位 target 的所有可能數值。

✦ 第 4 到 5 行：設定三種圖形標記與三種顏色，讓每一種鳶尾花使用不同圖形標記與顏色。

✦ 第 6 行：將顏色名稱陣列 colors 輸入到 ListedColormap，使用 cmap 參考到此結果。

✦ 第 7 到 8 行：取出輸入資料第 1 行的最小值減 1 到 x0min，最大值加 1 到 x0max，取出輸入資料第 2 行的最小值減 1 到 x1min，最大值加 1 到 x1max。

✦ 第 9 行：使用函式 meshgrid 製作出 X 與 Y 座標點值的二維陣列，X 座標值為 x0min 到 x0max，每次遞增 0.03，將此二維陣列指定給 a；Y 座標值為 x1min 到 x1max，每次遞增 0.03，將此二維陣列指定給 b。

✦ 第 10 行：使用函式 raval 將二維陣列 a 與 b 轉換成一維陣列，再將兩個一維陣列每次取一個元素，形成 X 座標與 Y 座標的一維陣列，將 X 座標與 Y 座標的一維陣列輸入模型進行預測，就可以找出每個座標點的預測結果。

✦ 第 11 行：重新經由函式 reshape 轉換成二維陣列。

✦ 第 12 行：使用函式 contourf 繪製等高線圖形，圖形中座標點(X,Y)的顏色由 Z 決定。

✦ 第 13 到 14 行：設定圖形的座標軸範圍，X 軸範圍由 a 的最小值到 a 的最大值，Y 軸範圍由 b 的最小值到 b 的最大值。

✦ 第 15 到 17 行：使用迴圈依序取出每一種鳶尾花，使用 plt.scatter 繪製萼片長度、花瓣長度與鳶尾花的分佈圖。取出資料集 p 為資料集 X 的元素，其索引值同於資料集 y 等於 t 的索引值（第 16 行），取出資料集 p 的第一個欄位為 x，取出資料集 p 的第二個欄位為 y，顏色使用 cmap，圖形標記使用陣列 marker，標籤使用陣列 t（第 17 行）。

✦ 第 18 到 21 行：X 軸標籤設定為「萼片長度」，Y 軸標籤設定為「花瓣長度」，圖例標記於左上方，最後顯示圖片。

◈ 執行結果

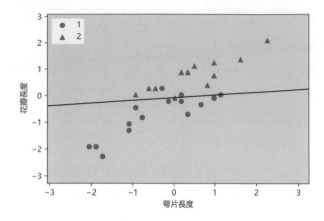

4-3-2 使用邏輯迴歸分類病人是否有糖尿病

【4-3-2 使用邏輯迴歸分類病人是否有糖尿病.ipynb】使用病人的年齡、膽固醇、腰圍等生理資訊，經由邏輯迴歸預估病人是否有糖尿病。本範例測資來自於 Kaggle 網站，可以從以下網址下載 diabetes.csv。

```
https://www.kaggle.com/houcembenmansour/predict-diabetes-based-on-diagnostic-
measures
```

step01 匯入資料

本範例需要函式庫 seaborn，使用指令「pip install seaborn」進行安裝。

行數	程式碼
1	import pandas as pd
2	import numpy as np
3	import matplotlib.pyplot as plt
4	import seaborn as sns
5	from matplotlib.colors import ListedColormap
6	from sklearn.model_selection import train_test_split
7	from sklearn.preprocessing import LabelEncoder, StandardScaler
8	from sklearn.linear_model import LogisticRegression

行數	程式碼
9	`from sklearn.metrics import confusion_matrix`
10	`df = pd.read_csv('E:/data/diabetes.csv')`
11	`print(df.head())`

🔷 程式說明

✦ 第 1 到 9 行：匯入函式庫。

✦ 第 10 行：請從 Kaggle 網站下載 diabetes.csv，讀取 diabetes.csv 轉換成 DataFrame，儲存到變數 df。

✦ 第 11 行：使用函式 head 顯示變數 df 的前五筆資料。

🔷 執行結果

```
   patient_number  cholesterol  glucose  hdl_chol chol_hdl_ratio  age  gender  \
0               1          193       77        49            3,9   19  female
1               2          146       79        41            3,6   19  female
2               3          217       75        54              4   20  female
3               4          226       97        70            3,2   20  female
4               5          164       91        67            2,4   20  female

   height  weight   bmi  systolic_bp  diastolic_bp  waist  hip  \
0      61     119  22,5          118            70     32   38
1      60     135  26,4          108            58     33   40
2      67     187  29,3          110            72     40   45
3      64     114  19,6          122            64     31   39
4      70     141  20,2          122            86     32   39

   waist_hip_ratio     diabetes
0             0,84  No diabetes
1             0,83  No diabetes
2             0,89  No diabetes
3             0,79  No diabetes
4             0,82  No diabetes
```

step02 檢查資料

檢查資料是否有空值、欄位名稱、第一筆資料內容與目標值。

行數	程式碼
1	`print(df.isnull().values.sum())`
2	`print("資料筆數:", df.shape)`
3	`print("資料的欄位名稱，分別是:", df.keys())`
4	`print("第一筆的資料內容:", df.iloc[0,::])`
5	`print("第一筆的預測目標:", df['diabetes'][0])`

🔷 程式說明

✦ 第 1 行：使用函式 isnull 檢查資料是否有空值，如果欄位有空值就會回傳 True，轉換成數值 1，加總結果就會是空值個數。

✦ 第 2 到 3 行：使用 shape 顯示資料的筆數，函式 keys 顯示欄位名稱。

✦ 第 4 到 5 行：使用 iloc 顯示指定範圍的資料內容，使用[]顯示指定欄位的資料內容。

🔷 執行結果

```
0
資料筆數: (390, 16)
資料的欄位名稱，分別是: Index(['patient_number', 'cholesterol', 'glucose', 'hdl_chol',
       'chol_hdl_ratio', 'age', 'gender', 'height', 'weight', 'bmi',
       'systolic_bp', 'diastolic_bp', 'waist', 'hip', 'waist_hip_ratio',
       'diabetes'],
      dtype='object')
第一筆的資料內容: patient_number          1
cholesterol           193
glucose                77
hdl_chol               49
chol_hdl_ratio        3.9
age                    19
gender             female
height                 61
weight                119
bmi                  22.5
systolic_bp           118
diastolic_bp           70
```

step03 處理資料

將字串欄位「diabetes」轉換成數值，欄位「chol_hdl_ratio」、「bmi」、「waist_hip_ratio」出現的逗點「,」轉換成句點「.」，並轉換成數值。

行數	程式碼
1	`print(df["diabetes"].value_counts())`
2	`df["diabetes"] = np.where(df["diabetes"]=="Diabetes" , 1, 0)`
3	`df['chol_hdl_ratio'] = pd.to_numeric(pd.Series(df['chol_hdl_ratio']).str.replace(',','.'))`
4	`df['bmi'] = pd.to_numeric(pd.Series(df['bmi']).str.replace(',','.'))`

行數	程式碼
5	`df['waist_hip_ratio'] = pd.to_numeric(pd.Series(df['waist_hip_ratio']).str.replace(',','.'))`
6	`print(df.head())`

程式說明

+ 第 1 行：使用函式 value_counts 找出欄位「diabetes」的數值與個數統計。

+ 第 2 行：若欄位「diabetes」的資料為「Diabetes」則轉換為 1，否則轉換成 0。

+ 第 3 到 5 行：使用函式 replace 將欄位「chol_hdl_ratio」、「bmi」、「waist_hip_ratio」出現的逗點「,」轉換成句點「.」，接著使用函式 to_numeric 轉換成數值。

+ 第 6 行：使用函式 head 顯示變數 df 的前五筆資料。

執行結果

```
No diabetes    330
Diabetes        60
Name: diabetes, dtype: int64
   patient_number  cholesterol  glucose  hdl_chol  chol_hdl_ratio  age  \
0               1          193       77        49             3.9   19
1               2          146       79        41             3.6   19
2               3          217       75        54             4.0   20
3               4          226       97        70             3.2   20
4               5          164       91        67             2.4   20

   gender  height  weight   bmi  systolic_bp  diastolic_bp  waist  hip  \
0  female      61     119  22.5          118            70     32   38
1  female      60     135  26.4          108            58     33   40
2  female      67     187  29.3          110            72     40   45
3  female      64     114  19.6          122            64     31   39
4  female      70     141  20.2          122            86     32   39

   waist_hip_ratio  diabetes
0             0.84         0
1             0.83         0
2             0.89         0
3             0.79         0
4             0.82         0
```

step04 分析資料

製作 gender、waist 與糖尿病（diabetes）的統計圖。

行數	程式碼
1	`sns.countplot(x='diabetes',hue='gender',data=df)`
2	`plt.show()`
3	`sns.countplot(x='diabetes',hue='waist',data=df)`
4	`plt.show()`

🔲 程式說明

✦ 第 1 到 2 行：找出 diabetes 與 gender 的人數統計關係圖，顯示到螢幕上。

✦ 第 3 到 4 行：找出 diabetes 與 waist 的人數統計關係圖，顯示到螢幕上。

🔲 執行結果

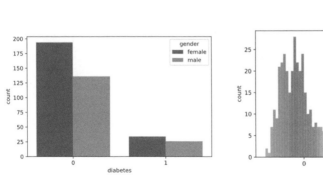
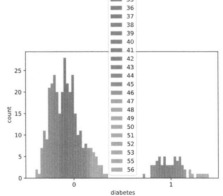

step05 準備訓練資料與測試資料

準備機器學習模型的訓練資料與測試資料。

行數	程式碼
1	`X = df.drop(['diabetes'], axis=1)`
2	`LE = LabelEncoder()`

行數	程式碼
3	`X['gender'] = LE.fit_transform(X['gender'])`
4	`y = df['diabetes']`
5	`train_X, test_X, train_y, test_y = train_test_split(X, y, test_size=0.2, random_state=42)`
6	`sc = StandardScaler()`
7	`train_X_std = sc.fit_transform(train_X)`
8	`test_X_std = sc.fit_transform(test_X)`
9	`print("訓練集的維度大小:   ", train_X_std.shape)`
10	`print("測試集的維度大小:   ", test_X_std.shape`

🔷 程式說明

- 第 1 行：從 df 刪除欄位「diabetes」，指定給變數 X。

- 第 2 到 3 行：使用 LabelEncoder 將字串欄位「gender」轉換成數值。

- 第 4 行：從 df 取出欄位「diabetes」，指定給變數 y。

- 第 5 行：使用 train_test_split 將資料變數 X 與 y 隨機挑選出訓練集與測試集，原始資料的百分之 80 為訓練集，剩餘百分之 20 為測試集，設定 random_state 為 42。

- 第 6 到 8 行：使用 StandardScaler 讓 train_X 與 test_X 的每個欄位數值的平均值為 0，標準差平方為 1，變數 train_X_std 與 test_X_std 參考到此結果。

- 第 9 到 10 行：使用 shape 顯示訓練資料與測試資料的筆數。

🔷 執行結果

```
訓練集的維度大小:   (312, 15)
測試集的維度大小:   (78, 15)
```

step**06** 建立與訓練模型

使用 LogisticRegression 建立模型與訓練模型。

行數	程式碼
1	`model = LogisticRegression()`
2	`model.fit(train_X_std, train_y['target'])`
3	`print ('係數: ', model.coef_)`
4	`print ('截距: ',model.intercept_)`

📦 **程式說明**

✦ 第 1 行：建立邏輯迴歸模型。

✦ 第 2 行：輸入訓練資料到模型進行訓練。

✦ 第 3 到 4 行：顯示模型係數與截距。

🧊 **執行結果**

```
係數:  [[ 0.6765593   0.40287677  1.61299712 -0.29108643  0.00443387 -0.01000824
  -0.00429495 -0.20742432  0.21296016 -0.02867317  0.134784    0.07744963
   0.02087917  0.10473845 -0.00971382]]
截距:  [-2.69176917]
```

step**07** 模型預測

輸入測試資料到模型進行預測。

行數	程式碼
1	`print(model.predict(test_X_std))`
2	`print(test_y)`
3	`print(model.score(test_X_std, test_y))`

📦 **程式說明**

✦ 第 1 行：以 test_X_std 為輸入，使用函式 predict 進行預測，顯示結果到螢幕上。

✦ 第 2 行：顯示資料集 test_y 的數值，可以比較預測結果（第 1 行）與目標值（第 2 行）的差異。

✦ 第 3 行：使用函式 score，可以找出模型的評分。

執行結果

```
[0 0 0 1 1 1 0 1 0 0 0 0 0 0 0 0 0 0 0 1 0 0 0 0 0 0 0 0 1 0 0 1 0 1 0 0
 0 0 0 1 0 0 0 0 0 0 0 1 1 0 0 0 0 0 0 0 0 0 1 0 1 0 0 0 0 0 0 0 0 0
 0 0 0 1]
9      0
42     0
33     0
311    1
272    1
      ..
381    1
3      0
18     0
94     0
338    0
Name: diabetes, Length: 78, dtype: int32
0.8717948717948718
```

使用混淆矩陣進行分析，發現有 10 個輸入辨別錯誤。

行數	程式碼
1	cm = confusion_matrix(test_y,model.predict(test_X_std))
2	print(cm)

程式說明

✦ 第 1 行：輸入 test_y 與 model.predict(test_X_std) 到函式 confusion_matrix 計算混淆矩陣，使用變數 cm 參考到此結果。

✦ 第 2 行：顯示變數 cm。

執行結果

```
[[58  4]
 [ 6 10]]
```

4-4 習題

一. 問答題

1. 舉例說明邏輯迴歸模型運作過程。

2. 使用文字與程式寫出邏輯迴歸模型的操作步驟。

二. 實作題

員工是否離職

從以下網址自行下載資料檔 HR_comma_sep.csv：

```
https://www.kaggle.com/giripujar/hr-analytics
```

顯示前五筆資料如下，若欄位 left 為 1 表示員工離職，否則表示員工在職。

```
   satisfaction_level  last_evaluation  number_project  average_montly_hours  \
0                0.38             0.53               2                   157
1                0.80             0.86               5                   262
2                0.11             0.88               7                   272
3                0.72             0.87               5                   223
4                0.37             0.52               2                   159

   time_spend_company  Work_accident  left  promotion_last_5years Department  \
0                   3              0     1                      0      sales
1                   6              0     1                      0      sales
2                   4              0     1                      0      sales
3                   5              0     1                      0      sales
4                   3              0     1                      0      sales

   salary
0     low
1  medium
2  medium
3     low
4     low
```

建立一個邏輯迴歸模型，輸入資料進行預估員工是否離職，撰寫程式完成以下功能。

1. 匯入資料檔 HR_comma_sep.csv 到一個 DataFrame。

2. 檢查與統計資料

   (1) 檢查是否有空值、資料筆數、欄位名稱、第一筆資料內容、第一筆資料的目標值。

   (2) 以欄位 average_montly_hours 與 salary、left（是否離職）的分布圖。

3. 產生訓練資料集與測試資料集

   (1) 使用 LabelEncoder 將欄位 salary 與 Department 轉換成數值。

   (2) 使用欄位 left 為相依變數(y)。

   (3) 將輸入資料刪除欄位 left 組成獨立變數(X)，是否有需要刪除的欄位，請說明原因。

   (4) 隨機挑選輸入資料的 80% 為訓練資料集與剩餘 20% 為測試資料集。

   (5) 使用 StandardScaler 正規化訓練資料集與測試資料集的獨立變數。

4. 使用 LogisticRegression 建立邏輯迴歸模型，並輸入訓練資料集進行訓練。

5. 評估模型

   (1) 使用測試資料集評估模型的正確率。

   (2) 產生測試資料集的混淆矩陣。

決策樹

5

決策樹（Decision Tree）屬於監督式學習，用於分類問題。將資料輸入樹狀結構後，從樹根開始，由上到下走訪節點，在每個節點放入條件判斷，根據條件判斷決定要走往的分支，最後會走到一個葉節點，若該節點不能往下走，該節點就是該輸入所屬分類。

5-1 決策樹的運作過程

決策樹的節點分成根節點、內部節點、葉節點三種。根節點為最上層的節點，所有判斷都從此節點開始，根節點與內部節點放入條件判斷，根據輸入值與條件判斷決定走往哪一個分支，最後會走到一個葉節點為該輸入所屬分類。以下為學期成績是否及格範例，學期成績根據「期末考成績」、「期中考成績」與「作業成績」決定是否及格，根節點為「期末考成績」，2 個內部節點為「期中考成績」與「作業成績」，4 個葉節點為 3 個「過關」與 1 個「當了」，輸入的學生成績就可以經由此決策樹，判斷學生是「過關」，還是「當了」。

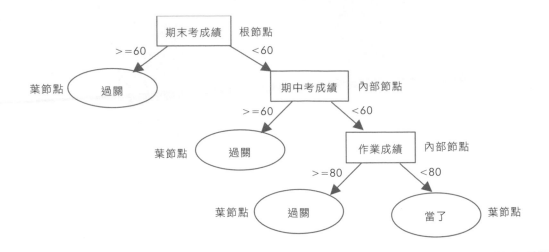

5-2　使用 sklearn 實作決策樹

　　使用 sklearn 實作決策樹,將每筆訓練資料輸入決策樹模型就可計算出決策樹的結構。決策樹的結構由根節點與內部節點的條件判斷與葉節點的所屬類別組成,接著使用測試資料評估此模型。使用 sklearn 實作決策樹的步驟如下:

(1) 輸入資料

```
train_X, test_X, train_y, test_y = train_test_split(X, y, test_size=0.3, ↵
random_state=42)
```

(2) 建立與訓練模型

```
model = DecisionTreeClassifier(criterion="entropy", max_leaf_nodes=5)
model.fit(train_X, train_y)
```

(3) 使用模型進行預測

```
pred_y = model.predict(test_X)
```

(4) 使用正確率與混淆矩陣比較目標值與預測值的差異

```
pred_y = model.predict(test_X)
print("正確率為", metrics.accuracy_score(test_y, pred_y))
cm = confusion_matrix(test_y, pred_y)
print(cm)
```

5-3 決策樹模型實作範例

5-3-1 使用決策樹分類病人用藥

【5-3-1 使用決策樹分類病人用藥.ipynb】使用病人的生理特徵（例如：年齡、血壓、性別、膽固醇等）預估病人用藥。本範例測資來自於 Kaggle 網站，可以從以下網址下載 drug200.csv。

```
https://www.kaggle.com/prathamtripathi/drug-classification
```

step01 匯入資料

匯入本範例所需函式庫，與匯入 drug200.csv 到 DataFrame。

行數	程式碼
1	import numpy as np
2	import pandas as pd
3	from sklearn import preprocessing
4	from sklearn.model_selection import train_test_split
5	from sklearn.tree import DecisionTreeClassifier
6	from sklearn import metrics
7	from sklearn.metrics import confusion_matrix
8	df = pd.read_csv('E:\data\drug200.csv')
9	print(df.head())

程式說明

+ 第 1 到 7 行：匯入函式庫。

+ 第 8 行：讀取 drug200.csv 轉換成 DataFrame 儲存到變數 df。

+ 第 9 行：使用函式 head 顯示變數 df 的前五筆資料。

執行結果

```
   Age Sex      BP Cholesterol  Na_to_K   Drug
0   23   F    HIGH        HIGH   25.355  drugY
1   47   M     LOW        HIGH   13.093  drugC
2   47   M     LOW        HIGH   10.114  drugC
3   28   F  NORMAL        HIGH    7.798  drugX
4   61   F     LOW        HIGH   18.043  drugY
```

step02 檢查資料

檢查資料是否有空值，顯示資料筆數、欄位名稱、第一筆資料與第一筆資料的目標值。

行數	程式碼
1	print(df.isnull().values.sum())
2	print("資料筆數:", df.shape)
3	print("資料的資料型別:", df.dtypes)
4	print("資料的欄位名稱，分別是:", df.keys())
5	print("第一筆的資料內容:", df.iloc[0,::])
6	print("第一筆的預測目標:",df['Drug'][0])

程式說明

+ 第 1 行：使用函式 isnull 檢查資料是否有空值，如果欄位有空值就會回傳 True，轉換成數值 1，加總結果就會是空值個數。

+ 第 2 到 4 行：使用 shape 顯示資料的筆數，屬性 dtypes 顯示每個欄位的資料型別，函式 keys 顯示欄位名稱。

+ 第 5 到 6 行：iloc 顯示指定範圍的資料內容，使用[]顯示指定欄位的資料內容。

🔷 執行結果

```
0
資料筆數: (200, 6)
資料的資料型別: Age            int64
Sex            object
BP             object
Cholesterol    object
Na_to_K        float64
Drug           object
dtype: object
資料的欄位名稱,分別是: Index(['Age', 'Sex', 'BP', 'Cholesterol', 'Na_to_K', 'Drug'], dtype='object')
第一筆的資料內容: Age            23
Sex            F
BP             HIGH
Cholesterol    HIGH
Na_to_K        25.355
Drug           drugY
Name: 0, dtype: object
第一筆的預測目標: drugY
```

step03 整理資料

　　字串資料轉換成數值才能進入機器學習模型進行訓練與預測,將本範例輸入資料的欄位 Sex、BP、Cholesterol 與 Drug 為字串資料,需經由 LabelEncoder 轉換成數值才能輸入機器學習模型。

行數	程式碼
1	print(np.unique(df['Sex']))
2	print(np.unique(df['BP']))
3	print(np.unique(df['Cholesterol']))
4	print(np.unique(df['Drug']))
5	df2 = df
6	LE_sex = preprocessing.LabelEncoder()
7	LE_sex.fit(['F','M'])
8	df2['Sex'] = LE_sex.transform(df2['Sex'])
9	LE_bp = preprocessing.LabelEncoder()
10	LE_bp.fit(['NORMAL', 'HIGH', 'LOW'])
11	df2['BP'] = LE_bp.transform(df2['BP'])
12	LE_cho = preprocessing.LabelEncoder()
13	LE_cho.fit(['NORMAL', 'HIGH'])
14	df2['Cholesterol'] = LE_cho.transform(df2['Cholesterol'])
15	print(df2.head())

◆ 程式說明

+ 第 1 到 4 行：使用 np.unique 不重複取出資料集 df 欄位 Sex、BP、Cholesterol、Drug 的可能值。

+ 第 5 行：變數 df2 參考到 df。

+ 第 6 到 8 行：變數 LE_sex 為 LabelEncoder 物件，將字串轉換成數字，變數 LE_sex 負責轉換 F 與 M，將資料集 df2 的欄位 Sex 的 F 與 M 轉換成數字 0 與 1。

+ 第 9 到 11 行：變數 LE_bp 為 LabelEncoder 物件，將字串轉換成數字，變數 LE_bp 負責轉換 NORMAL、HIGH、LOW，將資料集 df2 的欄位 BP 的 NORMAL、HIGH、LOW 轉換成數字 0 與 2。

+ 第 12 到 14 行：變數 LE_cho 為 LabelEncoder 物件，將字串轉換成數字，變數 LE_cho 負責轉換 NORMAL、HIGH，將資料集 df2 的欄位 Cholesterol 的 NORMAL、HIGH 轉換成數字 0 與 1。

+ 第 15 行：使用函式 head 顯示變數 df2 的前五筆資料。

◆ 執行結果

```
['F' 'M']
['HIGH' 'LOW' 'NORMAL']
['HIGH' 'NORMAL']
['drugA' 'drugB' 'drugC' 'drugX' 'drugY']
   Age  Sex  BP  Cholesterol  Na_to_K   Drug
0   23    0   0            0   25.355  drugY
1   47    1   1            0   13.093  drugC
2   47    1   1            0   10.114  drugC
3   28    0   2            0    7.798  drugX
4   61    0   1            0   18.043  drugY
```

step04 **製作訓練資料與測試資料**

準備機器學習模型的訓練資料與測試資料。

行數	程式碼
1	y=df2['Drug']
2	X=df2.drop(['Drug'],axis=1)
3	train_X, test_X, train_y, test_y = train_test_split(X, y, test_size=0.3, random_state=42)
4	print("訓練集的維度大小： ", train_X.shape)
5	print("測試集的維度大小： ", test_X.shape)

🔷 程式說明

+ 第 1 到 2 行：設定變數 y 為資料集 df2 欄位 Drug，設定變數 X 為資料集 df2 移除欄位 Drug。

+ 第 3 行：使用函式 train_test_split，以變數 X 為獨立變數，變數 y 為相依變數，隨機挑選出訓練集與測試集，原始資料的百分之 70 為訓練集，剩餘百分之 30 為測試集，設定 random_state 為 42。

+ 第 4 到 5 行：使用 shape 顯示訓練資料與測試資料的筆數。

🔷 執行結果

```
訓練集的維度大小：   (140, 5)
測試集的維度大小：   (60, 5)
```

step05 建立與訓練模型

使用 DecisionTreeClassifier 建立模型與訓練模型。

行數	程式碼
1	model = DecisionTreeClassifier(criterion="entropy", max_leaf_nodes=5)
2	model.fit(train_X, train_y)

🔷 程式說明

+ 第 1 行：建立決策樹模型，設定決策樹的標準為 entropy，設定決策樹的最大葉節點個數為 5。

+ 第 2 行：輸入訓練資料到模型進行訓練。

🧊 執行結果

```
DecisionTreeClassifier(criterion='entropy', max_leaf_nodes=5)
```

step06 評估模型

輸入測試資料到模型進行預測,並計算正確率與混淆矩陣。

行數	程式碼
1	pred_y = model.predict(test_X)
2	print("正確率為", metrics.accuracy_score(test_y, pred_y))
3	cm = confusion_matrix(test_y, pred_y)
4	print(cm)

🧊 程式說明

+ 第 1 到 2 行:以 test_X 為輸入,使用函式 predict 進行預測,變數 pred_y 參考到此結果,使用函式 metrics.accuracy_score 計算 test_y 與 pred_y 的正確率。

+ 第 3 到 4 行:使用混淆矩陣分析 test_y 與 pred_y,發現有 6 個輸入辨別錯誤。

🧊 執行結果

```
正確率為 0.9
[[ 7  0  0  0  0]
 [ 0  3  0  0  0]
 [ 0  0  0  6  0]
 [ 0  0  0 18  0]
 [ 0  0  0  0 26]]
```

step07 調整決策樹的 **max_leaf_nodes** 找出最高正確率

使用迴圈設定函式 DecisionTreeClassifier 的參數 max_leaf_nodes,由 2 到 9 每次遞增 1,找出最高正確率。

行數	程式碼
1	`def tree(num):`
2	`    model = DecisionTreeClassifier(criterion="entropy",` `max_leaf_nodes = num)`
3	`    model.fit(train_X, train_y)`
4	`    pred_y = model.predict(test_X)`
5	`    print("正確率為", metrics.accuracy_score(test_y, pred_y))`
6	`for i in range(2,10):`
7	`    tree(i)`

🔹 程式說明

✦ 第 1 到 5 行：定義函式 tree，輸入參數 num，建立決策樹模型，設定決策樹的標準為 entropy，設定決策樹的最大葉節點個數為 num（第 2 行），輸入訓練資料到模型進行訓練（第 3 行）。使用函式 predict 進行預測，以 test_X 為輸入，變數 pred_y 參考到此結果（第 4 行），使用函式 metrics.accuracy_score 計算 test_y 與 pred_y 的正確率（第 5 行）。

✦ 第 6 到 7 行：使用 for 迴圈，迴圈變數 i 由 2 到 9，每次遞增 1，將迴圈變數 i 代入函式 tree，使用迴圈變數 i 每次設定決策樹的最大葉節點個數，再進行訓練模型與評估模型，找出正確率最高的最大葉節點個數。

🔹 執行結果

```
正確率為 0.7333333333333333
正確率為 0.85
正確率為 0.9
正確率為 0.9
正確率為 1.0
正確率為 1.0
正確率為 1.0
正確率為 1.0
```

step08 繪製決策樹

繪製決策樹圖形，本範例需要安裝函式庫 pydotplus，使用指令「pip install pydotplus」進行安裝。

行數	程式碼
1	`from  io import StringIO`
2	`from sklearn import tree`
3	`import pydotplus`
4	`import matplotlib.image as image`
5	`import matplotlib.pyplot as plt`
6	`model = DecisionTreeClassifier(criterion="entropy", max_leaf_nodes = 6)`
7	`model.fit(train_X, train_y)`
8	`pred_y = model.predict(test_X)`
9	`io = StringIO()`
10	`filename = "決策樹.png"`
11	`column_names = ['Age', 'Sex', 'BP', 'Cholesterol', 'Na_to_K']`
12	`tree.export_graphviz(model,feature_names=column_names,` `out_file=io, class_names= np.unique(train_y), filled=True)`
13	`gra = pydotplus.graph_from_dot_data(io.getvalue())`
14	`gra.write_png(filename)`
15	`img = image.imread(filename)`
16	`plt.figure(figsize=(100, 200))`
17	`plt.imshow(img)`

🧊 程式說明

- ✦ 第 1 到 5 行：匯入函式庫。

- ✦ 第 6 行：建立決策樹模型，設定決策樹的標準為 entropy，設定決策樹的最大葉節點個數為 6。

- ✦ 第 7 行：輸入訓練資料到模型進行訓練。

- ✦ 第 8 行：使用函式 predict 來進行預測，以 test_X 為輸入，變數 pred_y 參考到此結果。

- ✦ 第 9 行：設定變數 io 為 StringIO。

- ✦ 第 10 行：設定 filename 為「決策樹.png」。

✦ 第 11 行：設定 column_names 為 ['Age', 'Sex', 'BP', 'Cholesterol', 'Na_to_K']。

✦ 第 12 行：使用函式 export_graphviz 匯出決策樹圖到變數 io。

✦ 第 13 行：使用函式 graph_from_dot_data 從變數 io 載入圖片到變數 gra。

✦ 第 14 行：使用函式 write_png 將變數 gra 的圖片寫到檔案 filename。

✦ 第 15 行：使用函式 imread 讀取圖片檔案 filename 到變數 img。

✦ 第 16 到 17 行：設定物件 fig 的圖片大小為寬度 100 像素，高度 200 像素，顯示 img 到螢幕上。

📦 執行結果

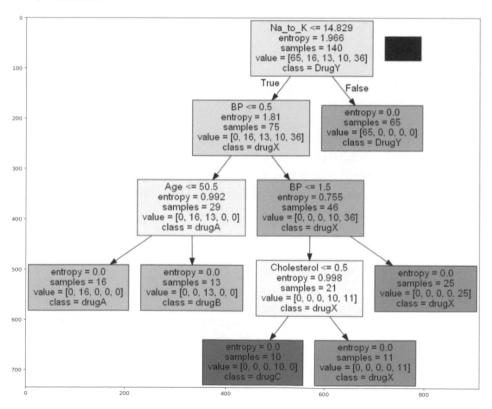

5-3-2 使用隨機森林分類病人用藥

【5-3-2 使用隨機森林分類病人用藥.ipynb】每次隨機挑選部分輸入資料建立多個決策樹,這些決策樹組成隨機森林。將測試資料輸入隨機森林產生預測結果,統計所有預測結果出現最多次的類別,就是最終預測結果,使用「三個臭皮匠勝過一個諸葛亮」的概念,眾人投票產生預估結果。

使用病人的生理特徵,例如:年齡、血壓、性別、膽固醇等,輸入隨機森林預估病人用藥,本範例測資來自於 Kaggle 網站,可以從以下網址下載 drug200.csv。

https://www.kaggle.com/prathamtripathi/drug-classification

step**01** 匯入資料

匯入 drug200.csv 到 DataFrame。

行數	程式碼
1	import numpy as np
2	import pandas as pd
3	from sklearn.ensemble import RandomForestRegressor
4	from sklearn import metrics
5	from sklearn import preprocessing
6	from sklearn.model_selection import train_test_split
7	df = pd.read_csv('E:\data\drug200.csv')
8	print(df.head())

◆ 程式說明

✦ 第 1 到 6 行:匯入函式庫。

✦ 第 7 行:讀取 drug200.csv 轉換成 DataFrame 儲存到變數 df。

✦ 第 8 行:使用函式 head 顯示變數 df 的前五筆資料。

🔹 執行結果

```
   Age Sex      BP Cholesterol  Na_to_K   Drug
0   23   F    HIGH       HIGH   25.355  drugY
1   47   M     LOW       HIGH   13.093  drugC
2   47   M     LOW       HIGH   10.114  drugC
3   28   F  NORMAL       HIGH    7.798  drugX
4   61   F     LOW       HIGH   18.043  drugY
```

step02 檢查資料

在前一範例已經檢查過資料,就不再重複。

step03 整理資料

字串資料轉換成數值才能進入機器學習模型進行訓練與預測,本範例輸入資料的欄位 Sex、BP、Cholesterol 與 Drug 為字串資料,需經由 LabelEncoder 轉換成數值才能輸入機器學習模型。

行數	程式碼
1	df2 = df
2	LE_sex = preprocessing.LabelEncoder()
3	LE_sex.fit(['F','M'])
4	df2['Sex'] = LE_sex.transform(df2['Sex'])
5	LE_bp = preprocessing.LabelEncoder()
6	LE_bp.fit(['NORMAL', 'HIGH', 'LOW'])
7	df2['BP'] = LE_bp.transform(df2['BP'])
8	LE_cho = preprocessing.LabelEncoder()
9	LE_cho.fit(['NORMAL', 'HIGH'])
10	df2['Cholesterol'] = LE_cho.transform(df2['Cholesterol'])
11	LE_drug = preprocessing.LabelEncoder()
12	LE_drug.fit(['drugA','drugB','drugC','drugX','DrugY'])
13	df2['Drug'] = LE_drug.transform(df2['Drug'])
14	print(df2.head())

🔹 程式說明

✦ 第 1 行:變數 df2 參考到 df。

✦ 第 2 到 4 行：變數 LE_sex 為 LabelEncoder 物件，將字串轉換成數字，變數 LE_sex 負責轉換 F 與 M，將資料集 df2 的欄位 Sex 的 F 與 M 轉換成數字 0 與 1。

✦ 第 5 到 7 行：變數 LE_bp 為 LabelEncoder 物件，將字串轉換成數字，變數 LE_bp 負責轉換 NORMAL、HIGH、LOW，將資料集 df2 的欄位 BP 的 NORMAL、HIGH、LOW 轉換成數字 0 與 2。

✦ 第 8 到 10 行：變數 LE_cho 為 LabelEncoder 物件，將字串轉換成數字，變數 LE_cho 負責轉換 NORMAL、HIGH，將資料集 df2 的欄位 Cholesterol 的 NORMAL、HIGH 轉換成數字 0 與 1。

✦ 第 11 到 13 行：變數 LE_drug 為 LabelEncoder 物件，將字串轉換成數字，變數 LE_drug 負責轉換 drugA、drugB、drugC、drugX、DrugY，將資料集 df2 的欄位 Drug 的 drugA、drugB、drugC、drugX、DrugY 轉換成數字 0 與 4。

✦ 第 14 行：使用函式 head 顯示變數 df2 的前五筆資料。

執行結果

```
   Age  Sex  BP  Cholesterol  Na_to_K  Drug
0   23    0   0            0   25.355     4
1   47    1   1            0   13.093     2
2   47    1   1            0   10.114     2
3   28    0   2            0    7.798     3
4   61    0   1            0   18.043     4
```

製作訓練集與測試集資料。

行數	程式碼
1	y=df2['Drug']
2	X=df2.drop(['Drug'],axis=1)
3	train_X, test_X, train_y, test_y = train_test_split(X, y, test_size=0.3, random_state=42)
4	print("訓練集的維度大小: ", train_X.shape)
5	print("測試集的維度大小: ", test_X.shape)

🔷 程式說明

✦ 第 1 到 2 行：設定變數 y 為資料集 df2 欄位 Drug，設定變數 X 為資料集 df2 移除欄位 Drug。

✦ 第 3 行：使用函式 train_test_split，以變數 X 為獨立變數，變數 y 為相依變數，隨機挑選出訓練集與測試集，原始資料的百分之 70 為訓練集，剩餘百分之 30 為測試集，設定 random_state 為 42。

✦ 第 4 到 5 行：使用 shape 顯示訓練資料與測試資料的筆數。

🔷 執行結果

```
訓練集的維度大小:    (140, 5)
測試集的維度大小:    (60, 5)
```

step**04**　建立與訓練模型

使用 RandomForestRegressor 建立模型與訓練模型。

行數	程式碼
1	model = RandomForestRegressor(random_state=42)
2	model.fit(train_X,train_y)

🔷 程式說明

✦ 第 1 行：建立隨機森林模型，設定隨機森林的 random_state 為 42。

✦ 第 2 行：輸入訓練資料到模型進行訓練。

🔷 執行結果

```
RandomForestRegressor(random_state=42)
```

<u>step05</u> 評估模型

輸入測試資料到模型進行預測,並計算模型的平均絕對誤差(Mean Absolute Error)。

行數	程式碼
1	`pred_y = model.predict(test_X)`
2	`print(pred_y[:10])`
3	`print(test_y[:10])`
4	`print("MAE 為", metrics.mean_absolute_error(test_y, pred_y))`

🔷 **程式說明**

+ 第 1 行:以 test_X 為輸入,使用函式 predict 進行預測,變數 pred_y 參考到此結果。

+ 第 2 到 3 行:顯示陣列 pred_y 與 test_y 的前 10 個元素。

+ 第 4 行:使用函式 metrics.mean_absolute_error 計算 test_y 與 pred_y 的平均絕對誤差(Mean Absolute Error),並將結果顯示在螢幕上。

🔷 **執行結果**

```
[4.   0.   3.94  3.01  0.   0.   0.   4.   1.   4. ]
95    4
15    0
30    4
158   3
128   0
115   0
69    0
170   4
174   1
45    4
Name: Drug, dtype: int32
MAE為 0.0088333333333333
```

5-4 習題

一. 問答題

1. 舉例說明決策樹模型運作過程。

2. 使用文字與程式寫出決策樹模型的操作步驟。

3. 舉例說明隨機森林模型運作過程。

4. 使用文字與程式寫出隨機森林模型的操作步驟。

二. 實作題

使用決策樹判斷是否獲得高薪

從以下網址下載資料檔 train.csv。

```
https://www.kaggle.com/mastmustu/income
```

資料集前五列的部分資料如下表，若欄位「income_ >50K」為 1 表示獲得高薪，否則為低薪。

```
   age  workclass  fnlwgt    education  educational-num       marital-status  \
0   67    Private  366425    Doctorate               16             Divorced
1   17    Private  244602         12th                8        Never-married
2   31    Private  174201    Bachelors               13   Married-civ-spouse
3   58  State-gov  110199      7th-8th                4   Married-civ-spouse
4   25  State-gov  149248  Some-college              10        Never-married

          occupation     relationship   race gender  capital-gain  capital-loss  \
0    Exec-managerial   Not-in-family   White   Male         99999             0
1      Other-service       Own-child   White   Male             0             0
2    Exec-managerial         Husband   White   Male             0             0
3   Transport-moving         Husband   White   Male             0             0
4      Other-service   Not-in-family   Black   Male             0             0

   hours-per-week native-country  income_ >50K
0              60  United-States             1
1              15  United-States             0
2              40  United-States             1
3              40  United-States             0
4              40  United-States             0
```

　　建立一個決策樹模型，輸入基本資料判斷是否獲得高薪，撰寫程式完成以下功能。

1. 匯入資料檔 train.csv 到一個 DataFrame。

2. 檢查與統計資料

   (1) 檢查是否有空值、資料筆數、欄位名稱、第一筆資料內容、第一筆資料的目標值。

   (2) 檢查每個欄位空值個數，並刪除所有空值所在資料列。

   (3) 使用欄位「age」、「education」與「income_>50K」繪製分布圖。

3. 產生訓練資料集與測試資料集

   (1) 使用欄位「income_>50K」為相依變數(y)。

   (2) 決策樹需要數值欄位為獨立變數,若想要將 gender 欄位的 Male 與 Female 轉換成 0 與 1,就可以當成獨立變數,可以使用以下程式進行轉換。

```
from sklearn.preprocessing import LabelEncoder
LE = LabelEncoder()
data['gender'] = LE.fit_transform(data['gender'])
```

　　將資料集所有非數值欄位轉換成數值欄位。

   (3) 將輸入資料刪除欄位「income_>50K」組成獨立變數(X),請問是否有需要刪除的欄位?並說明原因。

   (4) 隨機挑選輸入資料的 80% 為訓練資料集,與剩餘 20% 為測試資料集。

4. 建立模型與訓練模型:使用 DecisionTreeClassifier 建立決策樹模型,並選擇合適的 max_leaf_nodes,輸入訓練資料集進行訓練。

5. 評估模型:請使用測試資料集評估模型的正確率,利用函式 accuracy_score 計算模型正確率。

K-近鄰演算法

K-近鄰演算法（k-nearest neighbors，縮寫為 KNN）屬於監督式學習，用於分類問題。透過樣本與樣本之間的距離進行分類，找尋未知分類元素最接近的 K 個樣本，這 K 個樣本中的最多分類，就是這個元素的分類。

K-近鄰演算法使用距離進行分類，計算資料的距離類似計算座標點的距離，資料的每個欄位內容需要是數值，無法使用字串。若輸入資料欄位內容出現字串，可以選擇刪除該欄位，或使用前一章決策樹介紹的 LabelEncoder 功能，將字串轉換成數值。

6-1 K-近鄰演算法的運作過程

K-近鄰演算法的運作過程如下。

step01　計算所有訓練資料（已知分類）的距離。

step02　找出測試資料（未知分類）最接近的 K 個訓練資料（已知分類）。

^{step}**03** 找出這 **K** 個訓練資料（已知分類）出現最多的分類，就是測試資料（未知分類）的分類。

假設有六個訓練資料（已知分類）分別為點(3,5)，(4,4)，(5,3)，(3,2)是同一組（代號為 X）；左下方的點(2,3)，(2,2)為同一組（代號為〇）；未知分類點(2.5, 2.5)則不知道所屬分類。假設 K＝3，最接近未知分類點(2.5, 2.5)的三個點，有兩個是〇組，一個是 X 組，所以未知分類點(2.5, 2.5)會被分類到〇組。

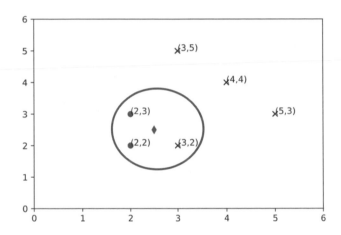

6-2 使用 sklearn 實作 K-近鄰演算法

使用 sklearn 實作 K-近鄰演算法，將每筆訓練資料輸入 K-近鄰演算法模型，就可計算出每筆訓練資料的距離，接著使用測試資料評估此模型。使用 sklearn 實作 K-近鄰演算法的步驟如下：

(1) 輸入資料

```
train_X , test_X , train_y , test_y = train_test_split(X, y,test_size=0.2, ↵
random_state=42)
```

(2) 建立與訓練模型

```
model = KNeighborsClassifier(n_neighbors=3)
model.fit(train_X, train_y)
```

(3) 使用模型進行預測

```
pred_y = model.predict(test_X)
```

(4) 使用正確率與混淆矩陣比較目標值與預測值的差異

```
print(model.score(test_X, test_y))
print(confusion_matrix(test_y, pred_y))
```

6-3　K-近鄰演算法模型實作範例

6-3-1　使用 K-近鄰演算法預估鳶尾花種類

　　【6-3-1 使用 K-近鄰演算法預估鳶尾花種類.ipynb】使用花瓣長度、花瓣寬度、萼片長度、萼片寬度經由 K-近鄰演算法模型預估鳶尾花種類，本範例測資來自於 sklearn.datasets 的函式 load_iris 下載鳶尾花資料，匯入程式如下：

```
from sklearn.datasets import load_iris
iris = load_iris()
```

step01　匯入資料

　　從 sklearn.datasets 的函式 load_iris 下載鳶尾花資料，並且轉換成 DataFrame，當成 K-近鄰演算法模型的訓練資料與測試資料。

行數	程式碼
1	import numpy as np
2	import pandas as pd

行數	程式碼
3	`from sklearn.preprocessing import LabelEncoder`
4	`from sklearn.model_selection import train_test_split`
5	`import matplotlib.pyplot as plt`
6	`import seaborn as sns`
7	`from sklearn.datasets import load_iris`
8	`from sklearn.neighbors import KNeighborsClassifier`
9	`from sklearn.metrics import confusion_matrix, accuracy_score`
10	`plt.rcParams['font.sans-serif'] = ['Microsoft YaHei']`
11	`iris = load_iris()`
12	`X = pd.DataFrame(iris['data'], columns=iris['feature_names'])`
13	`y = pd.DataFrame(iris['target'], columns=['Species'])`
14	`df = pd.concat([X,y], axis=1)`
15	`df.head()`

🔷 程式說明

✦ 第 1 到 9 行：匯入函式庫。

✦ 第 10 行：設定繪圖的中文字型。

✦ 第 11 行：使用函式 load_iris 匯入鳶尾花資料集到變數 iris。

✦ 第 12 行：讀取鳶尾花資料集的 data，以鳶尾花資料集的陣列 feature_names 為行名稱轉換成 DataFrame，當成模型的獨立變數到變數 X。

✦ 第 13 行：讀取鳶尾花資料集的 target，以 Species 為行名稱轉換成 DataFrame，當成模型的相依變數到變數 y。

✦ 第 14 行：以行為主方式串接 X 與 y，使用變數 df 參考到此結果。

✦ 第 15 行：使用函式 head 顯示變數 df 前五筆資料。

執行結果

	sepal length (cm)	sepal width (cm)	petal length (cm)	petal width (cm)	Species
0	5.1	3.5	1.4	0.2	0
1	4.9	3.0	1.4	0.2	0
2	4.7	3.2	1.3	0.2	0
3	4.6	3.1	1.5	0.2	0
4	5.0	3.6	1.4	0.2	0

step02 檢查資料

將資料輸入機器學習模型前，先要檢查資料是否有空值、資料筆數、欄位名稱、第一筆資料內容，以及第一筆預測目標值…等。

行數	程式碼
1	`print(df.isnull().values.sum())`
2	`print("資料筆數:", df.shape)`
3	`print("資料的欄位名稱，分別是:", df.keys())`
4	`print("第一筆的資料內容:", df.iloc[0,::])`
5	`print("第一筆的預測目標:", df['Species'][0])`

程式說明

+ 第 1 行：使用函式 isnull 檢查資料是否有空值，如果欄位有空值就會回傳 True，轉換成數值 1，加總結果就會是空值個數。

+ 第 2 行：使用 shape 顯示資料的筆數。

+ 第 3 行：函式 keys 顯示欄位名稱。

+ 第 4 行：iloc 顯示指定範圍的資料內容。

+ 第 5 行：使用[]顯示指定欄位的資料內容。

🔷 執行結果

```
0
資料筆數: (150, 5)
資料的欄位名稱，分別是: Index(['sepal length (cm)', 'sepal width (cm)', 'petal length (cm)',
    'petal width (cm)', 'Species'],
    dtype='object')
第一筆的資料內容: sepal length (cm)    5.1
sepal width (cm)     3.5
petal length (cm)    1.4
petal width (cm)     0.2
Species              0.0
Name: 0, dtype: float64
第一筆的預測目標: 0
```

step03 分析資料、建立訓練資料與測試資料

(1) 在進行機器學習之前，先將英文欄位名稱翻譯成中文

行數	程式碼
1	`df.rename(columns={"sepal length (cm)":"萼片長(公分)",`
2	`                    "sepal width (cm)":"萼片寬(公分)",`
3	`                    "petal length (cm)":"花瓣長(公分)",`
4	`                    "petal width (cm)":"花瓣寬(公分)",`
5	`                    "Species":"種類"},inplace=True)`
6	`irdict = {`
7	`    0:"山鳶尾",`
8	`    1:"染色鳶尾",`
9	`    2:"維吉尼亞鳶尾"`
10	`}`
11	`df["種類"] = df["種類"].map(irdict)`
12	`print(df.head())`
13	`print(df.groupby('種類').size())`

🔷 程式說明

✦ 第 1 到 5 行：使用函式 rename，重新命名資料集的行名，「sepal length (cm)」對應「萼片長(公分)」，「sepal width (cm)」對應「萼片寬(公分)」，「petal length (cm)」對應「花瓣長(公分)」，「petal length (cm)」對應「花瓣寬(公分)」，「Species」對應「種類」，設定 inplace 為 True，表示不建立新的資料集，直接修改原來的資料集。

✦ 第 6 到 11 行：設定字典 irdict，「0」對應到「山鳶尾」，「1」對應到「染色鳶尾」，「2」對應到「維吉尼亞鳶尾」，使用函式 map 將字典 irdict 套用到「種類」欄位，將數值 0 到 2 轉換成鳶尾花中文名稱。

✦ 第 12 行：使用函式 head 顯示變數 df 前五筆資料。

✦ 第 13 行：使用函式 groupby 計算各種類鳶尾花個數。

◆ 執行結果

```
   萼片長(公分) 萼片寬(公分) 花瓣長(公分) 花瓣寬(公分)  種類
0     5.1        3.5        1.4        0.2     山鳶尾
1     4.9        3.0        1.4        0.2     山鳶尾
2     4.7        3.2        1.3        0.2     山鳶尾
3     4.6        3.1        1.5        0.2     山鳶尾
4     5.0        3.6        1.4        0.2     山鳶尾
種類
山鳶尾      50
染色鳶尾     50
維吉尼亞鳶尾   50
dtype: int64
```

(2) 使用 seaborn 函式庫分析任兩欄位的資料分布情形

行數	程式碼
1	`plt.figure()`
2	`sns.pairplot(df, hue = "種類", markers=["o", "X", "D"])`
3	`plt.show()`
4	`plt.figure()`
5	`sns.pairplot(df, hue = "種類", markers=["o", "X", "D"], vars=["萼片長(公分)","花瓣長(公分)"])`
6	`plt.show()`

◆ 程式說明

✦ 第 1 行：使用函式 figure 建立新圖片。

✦ 第 2 行：使用函式 pairplot 繪製資料表 df 的所有欄位兩兩之間的關係，設定 hue 為「種類」，表示不同「種類」設定不同顏色，設定 markers 為「"o", "X", "D"」，表示第一個種類以「〇」標示，第二個種類以「X」標示，第三個種類以「◇」標示，因為資料表 df 有 4 個欄位(去除「種類」欄位)，總共會有 16 張小圖表示兩兩之間關係。

✦ 第 3 行：使用函式 show 顯示圖片。

✦ 第 4 行：使用函式 figure 建立新圖片。

✦ 第 5 行：使用函式 pairplot 繪製資料表 df 的所有欄位兩兩之間的關係，設定 hue 為「種類」，表示不同「種類」設定不同顏色，設定 markers 為「"o", "X", "D"」，表示第一個種類以「〇」標示，第二個種類以「X」標示，第三個種類以「◇」標示，設定 vars 為「"萼片長(公分)","花瓣長(公分)"」，只看這兩個欄位，總共會有 4 張小圖表示兩兩之間關係。

✦ 第 6 行：使用函式 show 顯示圖片。

🎁 執行結果

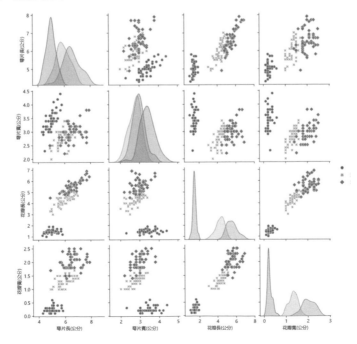

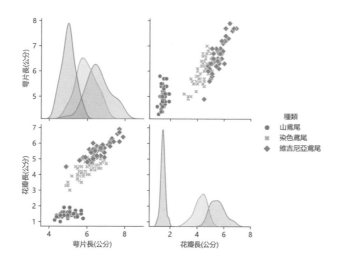

(3) 建立訓練資料與測試資料

行數	程式碼
1	`X = df[['萼片長(公分)','萼片寬(公分)','花瓣長(公分)','花瓣寬(公分)']]`
2	`y = df[['種類']]`
3	`train_X , test_X , train_y , test_y = train_test_split(X, y['種類'], test_size = 0.3,random_state=42)`
4	`print("訓練集的維度大小:   ", train_X.shape)`
5	`print("測試集的維度大小:   ", test_X.shape)`

🔷 程式說明

✦ 第 1 行：設定 X 為資料集 df 欄位「萼片長(公分)」、「萼片寬(公分)」、「花瓣長(公分)」、「花瓣寬(公分)」。

✦ 第 2 行：設定 y 為資料集 df 欄位「種類」。

✦ 第 3 行：使用函式 train_test_split，以 X 為獨立變數，y 為相依變數，隨機挑選出訓練集與測試集，原始資料的百分之 70 為訓練集，剩餘百分之 30 為測試集。

✦ 第 4 到 5 行：使用 shape 顯示訓練資料與測試資料的筆數。

🔶 執行結果

```
訓練集的維度大小:    (105, 4)
測試集的維度大小:    (45, 4)
```

step04 建立與訓練模型

使用 KNeighborsClassifier 建立 K-近鄰演算法模型,並輸入訓練資料進行訓練。

行數	程式碼
1	`model = KNeighborsClassifier(n_neighbors=3)`
2	`model.fit(train_X, train_y)`

🔶 程式說明

+ 第 1 行:建立 K-近鄰演算法模型,設定 n_neighbors 為 3,表示 K 值等於 3。

+ 第 2 行:輸入訓練資料 train_X 與 train_y 到模型進行訓練。

🔶 執行結果

```
KNeighborsClassifier(n_neighbors=3)
```

step05 模型預測

使用測試資料進行模型預測,並計算模型的正確率與測試資料的混淆矩陣。

行數	程式碼
1	`pred_y = model.predict(test_X)`
2	`print(accuracy_score(test_y, pred_y))`
3	`print(confusion_matrix(test_y, pred_y))`

💠 **程式說明**

✦ 第 1 行：以 test_X 作為輸入，使用函式 predict 進行預測，變數 pred_y 參考到此結果。

✦ 第 2 行：使用函式 accuracy_score 計算正確率。

✦ 第 3 行：計算測試資料的混淆矩陣。

💠 **執行結果**

```
1.0
[[19  0  0]
 [ 0 13  0]
 [ 0  0 13]]
```

本範例正確率達 100%，表示使用 K-近鄰演算法模型可以完美分類三種鳶尾花。

step06　**找出最適合的 K 值**

本範例已知只有三種鳶尾花，所以 K 值一定選用 3。當不確定 K 值時，可以使用迴圈測試每一個 K 值。只需每次輸入訓練資料到 K-近鄰演算法模型，再使用測試資料進行估算正確率，就可以找到正確率最高的 K 值。

行數	程式碼
1	accuracy = []
2	for i in range(3, 50):
3	model = KNeighborsClassifier(n_neighbors=i)
4	model.fit(train_X, train_y)
5	pred_y = model.predict(test_X)
6	accuracy.append(accuracy_score(test_y, pred_y))
7	i = range(3, 50)
8	plt.plot(i, accuracy)
9	plt.show()

💠 **程式說明**

✦ 第 1 行：宣告 accuracy 為空陣列。

✦ 第 2 到 6 行：使用 for 迴圈計算不同 n_neighbors 對 KNeighborsClassifier 的影響，迴圈變數 i 由 3 到 49 每次遞增 1。

✦ 第 3 行：將此迴圈變數 i 設定給 n_neighbors，讓 KNeighborsClassifier 的 n_neighbors 由 3 到 49 每次遞增 1，變數 model 參考到此結果。

✦ 第 4 行：輸入訓練資料 train_X 與 train_y 到模型進行訓練。

✦ 第 5 行：以 test_X 為輸入，使用函式 predict 進行預測，變數 pred_y 參考到此結果。

✦ 第 6 行：使用函式 accuracy_score 來計算正確率，將每種 n_neighbors 的正確率儲存到陣列 accuracy。

✦ 第 7 行：設定變數 i 為 3 到到 49，每次遞增 1。

✦ 第 8 行：畫出 X 軸為變數 i 與 Y 軸為正確率(陣列 accuracy)的折線圖。

✦ 第 9 行：使用函式 show 顯示折線圖到螢幕上。

🔷 執行結果

發現本範例 n_neighbors 設定為 3，辨識率已經到達 100%，當 n_neighbors 大於等於 33 時，辨識率反而下降。

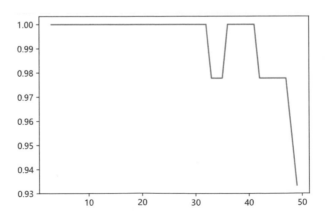

6-3-2 使用 K-近鄰演算法預估蘑菇是否有毒

【6-3-2 使用 K-近鄰演算法預估蘑菇是否有毒.ipynb】使用蘑菇的各種外觀屬性、顏色、氣味等資訊，經由 K-近鄰演算法模型預估蘑菇是否有毒。本範例測資來自於 Kaggle 網站，可以從以下網址下載 mushrooms.csv。

```
https://www.kaggle.com/uciml/mushroom-classification
```

step01 匯入資料

匯入 mushrooms.csv 並且轉換成 DataFrame，當成 K-近鄰演算法模型的訓練資料與測試資料。

行數	程式碼
1	import numpy as np
2	import pandas as pd
3	from sklearn.preprocessing import LabelEncoder , StandardScaler
4	from sklearn.model_selection import train_test_split
5	import matplotlib.pyplot as plt
6	import seaborn as sns
7	from sklearn.datasets import load_iris
8	from sklearn.neighbors import KNeighborsClassifier
9	from sklearn.metrics import confusion_matrix, accuracy_score
10	df = pd.read_csv('E:/data/mushrooms.csv')
11	print(df.head())

🔶 程式說明

✦ 第 1 到 9 行：匯入函式庫。

✦ 第 10 行：匯入 mushrooms.csv 並轉換成 DataFrame，變數 df 參考到此結果。

✦ 第 11 行：使用函式 head 顯示變數 df 前五筆資料。

執行結果

若欄位「class」等於 p 表示蘑菇有毒，否則蘑菇沒有毒。

```
  class cap-shape cap-surface cap-color bruises odor gill-attachment  \
0     p         x           s         n       t    p               f
1     e         x           s         y       t    a               f
2     e         b           s         w       t    l               f
3     p         x           y         w       t    p               f
4     e         x           s         g       f    n               f

  gill-spacing gill-size gill-color ... stalk-surface-below-ring  \
0            c         n          k ...                        s
1            c         b          k ...                        s
2            c         b          n ...                        s
3            c         n          n ...                        s
4            w         b          k ...                        s

  stalk-color-above-ring stalk-color-below-ring veil-type veil-color  \
0                      w                      w         p          w
1                      w                      w         p          w
2                      w                      w         p          w
3                      w                      w         p          w
4                      w                      w         p          w
```

step02 檢查資料

將資料輸入機器學習模型前，先要檢查資料是否有空值、資料筆數、欄位名稱、第一筆資料內容，以及第一筆目標值…等。

行數	程式碼
1	`print(df.isnull().values.sum())`
2	`print("資料筆數:", df.shape)`
3	`print("資料的欄位名稱,分別是:", df.keys())`
4	`print("第一筆的資料內容:", df.iloc[0,::])`
5	`print("第一筆的預測目標:", df['class'][0])`

程式說明

✦ 第 1 行：使用函式 isnull 檢查資料是否有空值，如果欄位有空值就會回傳 True，轉換成數值 1，加總結果就會是空值個數。

✦ 第 2 行：使用 shape 顯示資料的筆數。

✦ 第 3 行：函式 keys 顯示欄位名稱。

✦ 第 4 行：iloc 顯示指定範圍的資料內容。

✦ 第 5 行：使用[]顯示指定欄位的資料內容。

🎁 執行結果

```
0
資料筆數: (8124, 23)
資料的欄位名稱，分別是: Index(['class', 'cap-shape', 'cap-surface', 'cap-color', 'bruises', 'odo
r',
       'gill-attachment', 'gill-spacing', 'gill-size', 'gill-color',
       'stalk-shape', 'stalk-root', 'stalk-surface-above-ring',
       'stalk-surface-below-ring', 'stalk-color-above-ring',
       'stalk-color-below-ring', 'veil-type', 'veil-color', 'ring-number',
       'ring-type', 'spore-print-color', 'population', 'habitat'],
      dtype='object')
第一筆的資料內容: class                        p
cap-shape                    x
cap-surface                  s
cap-color                    n
bruises                      t
odor                         p
gill-attachment              f
gill-spacing                 c
gill-size                    n
gill-color                   k
stalk-shape                  e
stalk-root                   e
stalk-surface-above-ring     s
stalk-surface-below-ring     s
stalk-color-above-ring       w
stalk-color-below-ring       w
veil-type                    p
veil-color                   w
ring-number                  o
ring-type                    p
spore-print-color            k
population                   s
habitat                      u
Name: 0, dtype: object
第一筆的預測目標: p
```

step03 建立訓練資料與測試資料

(1) 字串轉數值

行數	程式碼
1	LE = LabelEncoder()
2	for item in df.columns:
3	df[item] = LE.fit_transform(df[item])
4	print(df.head())

🧊 程式說明

✦ 第 1 到 3 行：使用 LabelEncoder 與迴圈，將所有字串資料轉換成數值。

✦ 第 4 行：使用函式 head 顯示變數 df 前五筆資料。

🧊 執行結果

```
   class  cap-shape  cap-surface  cap-color  bruises  odor  gill-attachment  \
0      1          5            2          4        1     6                1
1      0          5            2          9        1     0                1
2      0          0            2          8        1     3                1
3      1          5            3          8        1     6                1
4      0          5            2          3        0     5                1

   gill-spacing  gill-size  gill-color  ...  stalk-surface-below-ring  \
0             0          1           4  ...                         2
1             0          0           4  ...                         2
2             0          0           5  ...                         2
3             0          1           5  ...                         2
4             1          0           4  ...                         2

   stalk-color-above-ring  stalk-color-below-ring  veil-type  veil-color  \
0                       7                       7          0           2
1                       7                       7          0           2
2                       7                       7          0           2
3                       7                       7          0           2
4                       7                       7          0           2
```

(2) 建立訓練資料與測試資料

行數	程式碼
1	X = df.drop(['class'], axis=1)
2	y = df['class']
3	train_X, test_X, train_y, test_y = train_test_split(X, y, test_size=0.2, random_state=42)
4	sc = StandardScaler()
5	train_X_std = sc.fit_transform(train_X)
6	test_X_std = sc.fit_transform(test_X)
7	print("訓練集的維度大小： ", train_X_std.shape)
8	print("測試集的維度大小： ", test_X_std.shape)

🔖 程式說明

✦ 第 1 行：設定 X 為資料集 df 刪除欄位「class」。

✦ 第 2 行：設定 y 為資料集 df 欄位「class」。

✦ 第 3 行：使用函式 train_test_split，以 X 為獨立變數，y 為相依
變數，隨機挑選出訓練集與測試集，原始資料的百分之 80 為訓
練集，剩餘百分之 20 為測試集，設定 random_state 為 42。

✦ 第 4 到 6 行：使用 StandardScaler 標準化輸入資料 train_X 與
test_X，讓平均值為 0，標準差平方為 1。

✦ 第 7 到 8 行：使用 shape 顯示訓練資料與測試資料的筆數。

🔖 執行結果

```
訓練集的維度大小:     (6499, 22)
測試集的維度大小:     (1625, 22)
```

step04 建立與訓練模型

使用 KNeighborsClassifier 建立 K-近鄰演算法模型，並輸入訓練資
料進行訓練。

行數	程式碼
1	`model = KNeighborsClassifier(n_neighbors=2)`
2	`model.fit(train_X_std, train_y)`

🔖 程式說明

✦ 第 1 行：建立 K-近鄰演算法模型，設定 n_neighbors 為 2，表示
K 值等於 2。

✦ 第 2 行：輸入訓練資料 train_X_std 與 train_y 到模型進行訓練。

🔖 執行結果

```
KNeighborsClassifier(n_neighbors=2)
```

step 05 模型預測

使用測試資料進行模型預測,並計算模型的正確率與測試資料的混淆矩陣。

行數	程式碼
1	`pred_y = model.predict(test_X_std)`
2	`print(accuracy_score(test_y, pred_y))`
3	`print(confusion_matrix(test_y, pred_y))`

🔲 程式說明

✦ 第 1 行:以 test_X_std 為輸入,使用函式 predict 進行預測,變數 pred_y 參考到此結果。

✦ 第 2 行:使用函式 accuracy_score 計算正確率。

✦ 第 3 行:計算測試資料的混淆矩陣。

🔲 執行結果

```
1.0
[[843    0]
 [   0 782]]
```

本範例正確率達 100%,表示使用 K-近鄰演算法模型可以完美分類蘑菇是否有毒。

6-4 習題

一. 問答題

1. 舉例說明 K-近鄰演算法模型運作過程。

2. 使用文字與程式寫出 K-近鄰演算法模型的操作步驟。

二. 實作題

判斷小行星是否撞擊地球

從以下網址下載資料檔 nasa.csv。

https://www.kaggle.com/shrutimehta/nasa-asteroids-classification

資料集前五筆的部分資料如下,若欄位 Hazardous 為 True,表示高危險小行星,否則為低危險小行星。

Asc Node Longitude	Orbital Period	Perihelion Distance	Perihelion Arg	Aphelion Dist	Perihelion Time	Mean Anomaly	Mean Motion	Equinox	Hazardous
314.373913	609.599786	0.808259	57.257470	2.005764	2.458162e+06	264.837533	0.590551	J2000	True
136.717242	425.869294	0.718200	313.091975	1.497352	2.457795e+06	173.741112	0.845330	J2000	False
259.475979	643.580228	0.950791	248.415038	1.966857	2.458120e+06	292.893654	0.559371	J2000	True
57.173266	514.082140	0.983902	18.707701	1.527904	2.457902e+06	68.741007	0.700277	J2000	False
84.629307	495.597821	0.967687	158.263596	1.483543	2.457814e+06	135.142133	0.726395	J2000	True

建立一個 K-近鄰演算法模型預估小行星是否撞擊地球,撰寫程式完成以下功能。

1. 匯入資料檔 nasa.csv 到一個 DataFrame。

2. 檢查與統計資料

    (1) 檢查是否有空值、資料筆數、欄位名稱、第一筆資料內容、第一筆資料的目標值。

    (2) 檢查每個欄位的資料型別,請寫出非數值的欄位名稱。

3. 產生訓練資料集與測試資料集

    (1) 使用欄位 Hazardous 為相依變數(y),將輸入資料的剩餘欄位組成獨立變數(X),請問是否有需要刪除的欄位?並說明原因。

    (2) 隨機挑選輸入資料的 80% 為訓練資料集,剩餘 20% 為測試資料集。

4. 建立模型與訓練模型

   使用 KNeighborsClassifier 建立 K 值為 2 的 K-近鄰演算法模型，並輸入訓練資料集進行訓練。

5. 評估模型

   (1) 使用測試資料集評估模型的正確率。

   (2) 產生測試資料集的混淆矩陣。

支援向量機

7

支援向量機（Support Vector Machine，縮寫為 SVM）屬於監督式學習，應用於分類問題，使用高維度空間預測資料所在類別。原本訓練資料（已知分成兩個類別）為非線性可分割，將訓練資料的低維度空間映射到高維度空間，在此空間找到一個決策邊界（Decision Boundary）分割訓練資料，讓兩個類別資料距離決策邊界的距離（Margin）越大越好。支援向量機原先應用於二分類問題，在二分類的運算基礎上，可以將支援向量機擴充到多分類問題。

7-1　支援向量機演算法的運作過程

以下說明支援向量機演算法的運作過程。

step01　將所有訓練資料（已知分類）映射到高維度空間。

step02　找出能區分訓練資料類別的決策邊界。

step03　測試資料（未知分類）映射到此高維度空間，根據決策邊界獲得測試資料所屬類別。

假設有四個訓練資料（已知分類）分別為點(-2,2)，(2,-2)是同一組（代號為O），點(2,2)，(-2,-2)為同一組（代號為 X），如下圖，在二維空間是不可分割，但必須設法把這四個點映射到三維空間。

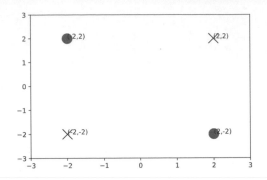

假設點(-2,2)映射到點(-2,2,3)，點(2,-2)映射到點(2,-2,3)，點(-2,-2)映射到點(-2,-2,-6)到，點(2,2)映射到點(2,2,-6)，就可以找到一個平面 X+Y-Z＝0，讓點(-2,2)與點(2,-2)是同一組，點(2,2)與點(-2,-2)為同一組，變成可分割問題，如下圖。

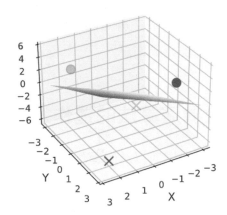

7-2　使用 sklearn 實作支援向量機

　　使用 sklearn 實作支援向量機，將每筆已知類別的訓練資料輸入支援向量機模型，就可以映射到高維度空間，找出決策邊界（Decision Boundary）依照類別分割訓練資料，接著使用測試資料評估此模型。使用 sklearn 實作支援向量機的步驟如下。

(1) 輸入資料

```
train_X , test_X , train_y , test_y = train_test_split(X, y,test_size=0.2, ↵
random_state=42)
```

(2) 建立與訓練模型

```
model= svm.SVC(kernel='rbf')
model.fit(train_X, train_y)
```

(3) 使用模型進行預測

```
pred_y = model.predict(test_X)
```

(4) 使用正確率與混淆矩陣比較目標值與預測值的差異

```
print(model.score(test_X, test_y))
print(confusion_matrix(test_y, pred_y, labels=[2,4]))
```

7-3　支援向量機模型實作範例

7-3-1　使用支援向量機判斷心臟病

　　【7-3-1 使用支援向量機判斷心臟病.ipynb】使用經由支援向量機模型判斷是否容易有心臟病。本範例測資來自於 Kaggle 網站，可以從以下網址下載 heart.csv。

step01 匯入資料

下載 heart.csv 到本機資料夾,再匯入到 DataFrame。

行數	程式碼
1	import pandas as pd
2	import numpy as np
3	import matplotlib.pyplot as plt
4	from sklearn import svm
5	from sklearn.model_selection import train_test_split
6	from sklearn.metrics import confusion_matrix
7	df = pd.read_csv("E:/data/heart.csv")
8	df.head()

🎁 程式說明

✦ 第 1 到 6 行:匯入函式庫。

✦ 第 7 行:請從 Kaggle 網站下載 heart.csv,讀取 heart.csv 轉換
成 DataFrame 儲存到變數 df。

✦ 第 8 行:函式 head 顯示變數 df 的前五筆資料。

🎁 執行結果

	age	sex	cp	trtbps	chol	fbs	restecg	thalachh	exng	oldpeak	slp	caa	thall	output
0	63	1	3	145	233	1	0	150	0	2.3	0	0	1	1
1	37	1	2	130	250	0	1	187	0	3.5	0	0	2	1
2	41	0	1	130	204	0	0	172	0	1.4	2	0	2	1
3	56	1	1	120	236	0	1	178	0	0.8	2	0	2	1
4	57	0	0	120	354	0	1	163	1	0.6	2	0	2	1

step02 檢查資料

檢查資料是否有空值、資料維度大小、欄位名稱、第一筆資料內容與目標值。

行數	程式碼
1	print(df.isnull().values.sum())
2	print("資料筆數:", df.shape)
3	print("資料的欄位名稱,分別是:", df.keys())
4	print("第一筆的資料內容:", df.iloc[0,::])
5	print("第一筆的預測目標:", df['output'][0])

程式說明

✦ 第 1 行:使用函式 isnull 檢查資料是否有空值,如果欄位有空值就會回傳 True,轉換成數值 1,加總結果就會是空值個數。

✦ 第 2 到 3 行:使用 shape 顯示資料的筆數,函式 keys 顯示欄位名稱。

✦ 第 4 到 5 行:iloc 顯示指定範圍的資料內容,使用[]顯示指定欄位的資料內容。

執行結果

```
0
資料筆數: (303, 14)
資料的欄位名稱,分別是: Index(['age', 'sex', 'cp', 'trtbps', 'chol', 'fbs', 'restecg', 'thalachh',
       'exng', 'oldpeak', 'slp', 'caa', 'thall', 'output'],
      dtype='object')
第一筆的資料內容: age            63.0
sex             1.0
cp              3.0
trtbps        145.0
chol          233.0
fbs             1.0
restecg         0.0
thalachh      150.0
exng            0.0
oldpeak         2.3
slp             0.0
caa             0.0
thall           1.0
output          1.0
Name: 0, dtype: float64
第一筆的預測目標: 1
```

step 03 分析與整理資料

取容易得心臟病與不容易得心臟病各 50 個案例進行比較。

行數	程式碼
1	`unsafe = df[df['output'] == 1][0:50]`
2	`safe = df[df['output'] == 0][0:50]`
3	`all = pd.concat([unsafe, safe], ignore_index=True)`
4	`print(all[['age','sex']].value_counts())`

🔲 程式說明

✦ 第 1 到 2 行：取出前 50 個容易得心臟病案例（欄位 output 為 1）到資料集 unsafe，與不容易得心臟病案例（欄位 output 為 0）到資料集 safe。

✦ 第 3 行：串接資料集 unsafe 與資料集 safe 到資料集 all。

✦ 第 4 行：資料集 all 中找出欄位 age 與 sex 的各種組合個數。

🔲 執行結果

```
age  sex
44   1      6
60   1      6
54   1      5
58   1      5
59   1      5
57   1      4
65   0      4
52   1      3
67   1      3
56   1      3
53   0      3
51   1      2
40   1      2
58   0      2
61   0      2
     1      2
62   0      2
```

^{step}04　建立訓練資料與測試資料

準備機器學習模型的訓練資料與測試資料。

行數	程式碼
1	`print(df.dtypes)`
2	`X = np.asarray(df[['age', 'sex', 'cp', 'trtbps', 'chol', 'fbs',` `'restecg', 'thalachh', 'exng', 'oldpeak', 'slp', 'caa', 'thall']])`
3	`y = np.asarray(df[['output']])`
4	`train_X , test_X , train_y , test_y = train_test_split( X, y,` `test_size=0.2, random_state=42)`
5	`print("訓練集的維度大小:   ", train_X.shape)`
6	`print("測試集的維度大小:   ", test_X.shape)`

📦 程式說明

✦ 第 1 行：顯示資料集 df 的所有欄位。

✦ 第 2 行：設定 X 為資料集 df 欄位「'age', 'sex', 'cp', 'trtbps', 'chol', 'fbs', 'restecg', 'thalachh', 'exng', 'oldpeak', 'slp', 'caa', 'thall'」。

✦ 第 3 行：設定 y 為資料集 df 欄位「output」。

✦ 第 4 行：使用函式 train_test_split，以 X 為獨立變數，y 為相依變數，隨機挑選出訓練集與測試集，原始資料的百分之 80 為訓練集，剩餘百分之 20 為測試集。

✦ 第 5 到 6 行：使用 shape 顯示訓練資料與測試資料的筆數。

💠 執行結果

```
age             int64
sex             int64
cp              int64
trtbps          int64
chol            int64
fbs             int64
restecg         int64
thalachh        int64
exng            int64
oldpeak         float64
slp             int64
caa             int64
thall           int64
output          int64
dtype: object
訓練集的維度大小:    (242, 13)
測試集的維度大小:    (61, 13)
```

step05 建立與訓練模型

使用 SVC 建立模型與訓練模型。

行數	程式碼
1	model= svm.SVC(kernel='linear')
2	model.fit(train_X, train_y)

💠 程式說明

+ 第 1 行：建立支援向量機模型，設定 kernel 為 linear，支援向量機的預設 kernel 為 rbf。

+ 第 2 行：輸入訓練資料到模型進行訓練。

💠 執行結果

```
SVC(kernel='linear')
```

step**06** 模型預測

輸入測試資料到模型進行預測。

行數	程式碼
1	`pred_y = model.predict(test_X)`
2	`print(model.score(test_X, test_y))`
3	`print(confusion_matrix(test_y, pred_y))`

🔶 程式說明

+ 第 1 行：以 test_X 為輸入，使用函式 predict 進行預測，變數 pred_y 參考到此結果。

+ 第 2 行：使用函式 score 計算模型正確率。

+ 第 3 行：使用混淆矩陣進行分析，發現 8 個測試資料辨別錯誤。

🔶 執行結果

```
0.8688524590163934
[[25  4]
 [ 4 28]]
```

step**07** 更換支援向量機的 kernel

更換支援向量機的 kernel 為 rbf 與 poly。

行數	程式碼
1	`model= svm.SVC(kernel='rbf')`
2	`model.fit(train_X, train_y)`
3	`pred_y = model.predict(test_X)`
4	`print(model.score(test_X, test_y))`
5	`print(confusion_matrix(test_y, pred_y))`
6	`model= svm.SVC(kernel='poly')`
7	`model.fit(train_X, train_y)`
8	`pred_y = model.predict(test_X)`
9	`print(model.score(test_X, test_y))`
10	`print(confusion_matrix(test_y, pred_y))`

📦 程式說明

✦ 第 1 到 2 行：建立支援向量機模型，設定 kernel 為 rbf，輸入訓練資料到模型進行訓練。

✦ 第 3 到 5 行：使用函式 predict 進行預測，以 test_X 為輸入，變數 pred_y 參考到此結果，計算模組的正確率，使用混淆矩陣進行分析，發現 18 個測試資料辨別錯誤。

✦ 第 6 到 7 行：建立支援向量機模型，設定 kernel 為 poly，輸入訓練資料到模型進行訓練。

✦ 第 8 到 10 行：使用函式 predict 進行預測，以 test_X 為輸入，變數 pred_y 參考到此結果，計算模組的正確率，使用混淆矩陣進行分析，發現 14 個測試資料辨別錯誤。

📦 執行結果

```
0.7049180327868853
[[15 14]
 [ 4 28]]
0.7704918032786885
[[20  9]
 [ 5 27]]
```

7-3-2 使用支援向量機判斷人的活動狀態

【7-3-2 使用支援向量機判斷人的活動狀態.ipynb】使用經由支援向量機模型判斷腫瘤類別，本範例測資來自於 Kaggle 網站，可以從以下網址下載 pulsar_data_train.csv。

```
https://www.kaggle.com/uciml/human-activity-recognition-with-smartphones
```

step01 匯入資料

匯入 cell_samples.csv 到 DataFrame。

行數	程式碼
1	import pandas as pd
2	import numpy as np
3	import matplotlib.pyplot as plt
4	from sklearn import svm
5	from sklearn.model_selection import train_test_split
6	from sklearn.metrics import confusion_matrix
7	from sklearn.preprocessing import StandardScaler, LabelEncoder
8	df = pd.read_csv("E:/data/test.csv")
9	df.head()

🔹 程式說明

✦ 第 1 到 7 行：匯入函式庫。

✦ 第 8 行：請從 Kaggle 網站下載 test.csv，讀取 test.csv 轉換成 DataFrame 儲存到變數 df。

✦ 第 9 行：函式 head 顯示變數 df 的前五列資料。

🔹 執行結果

	tBodyAcc-mean()-X	tBodyAcc-mean()-Y	tBodyAcc-mean()-Z	tBodyAcc-std()-X	tBodyAcc-std()-Y	tBodyAcc-std()-Z	tBodyAcc-mad()-X	tBodyAcc-mad()-Y	tBodyAcc-mad()-Z	tBodyAcc-max()-X
0	0.257178	-0.023285	-0.014654	-0.938404	-0.920091	-0.667683	-0.952501	-0.925249	-0.674302	-0.894088
1	0.286027	-0.013163	-0.119083	-0.975415	-0.967458	-0.944958	-0.986799	-0.968401	-0.945823	-0.894088
2	0.275485	-0.026050	-0.118152	-0.993819	-0.969926	-0.962748	-0.994403	-0.970735	-0.963483	-0.939260
3	0.270298	-0.032614	-0.117520	-0.994743	-0.973268	-0.967091	-0.995274	-0.974471	-0.968897	-0.938610
4	0.274833	-0.027848	-0.129527	-0.993852	-0.967445	-0.978295	-0.994111	-0.965953	-0.977346	-0.938610

step02 檢查資料

檢查資料是否有空值、資料維度大小、欄位名稱、第一筆資料內容與目標值。

行數	程式碼
1	print(df.isnull().values.sum())
2	print("資料筆數:", df.shape)
3	print("資料的欄位名稱,分別是:", df.keys())

行數	程式碼
4	`print("第一筆的資料內容:", df.iloc[0,::])`
5	`print("第一筆的預測目標:", df['Activity'][0])`

🔲 程式說明

+ 第 1 行:使用函式 isnull 檢查資料是否有空值,如果欄位有空值就會回傳 True,轉換成數值 1,加總結果就會是空值個數。

+ 第 2 到 3 行:使用 shape 顯示資料的筆數,函式 keys 顯示欄位名稱。

+ 第 4 到 5 行:iloc 顯示指定範圍的資料內容,使用[]顯示指定欄位的資料內容。

🔲 執行結果

```
0
資料筆數: (2947, 563)
資料的欄位名稱,分別是: Index(['tBodyAcc-mean()-X', 'tBodyAcc-mean()-Y', 'tBodyAcc-mean()-Z',
    'tBodyAcc-std()-X', 'tBodyAcc-std()-Y', 'tBodyAcc-std()-Z',
    'tBodyAcc-mad()-X', 'tBodyAcc-mad()-Y', 'tBodyAcc-mad()-Z',
    'tBodyAcc-max()-X',
    ...
    'fBodyBodyGyroJerkMag-kurtosis()', 'angle(tBodyAccMean,gravity)',
    'angle(tBodyAccJerkMean),gravityMean)',
    'angle(tBodyGyroMean,gravityMean)',
    'angle(tBodyGyroJerkMean,gravityMean)', 'angle(X,gravityMean)',
    'angle(Y,gravityMean)', 'angle(Z,gravityMean)', 'subject', 'Activity'],
    dtype='object', length=563)
第一筆的資料內容: tBodyAcc-mean()-X        0.257178
tBodyAcc-mean()-Y       -0.023285
tBodyAcc-mean()-Z       -0.014654
tBodyAcc-std()-X        -0.938404
tBodyAcc-std()-Y        -0.920091
                           ...
angle(X,gravityMean)    -0.720009
angle(Y,gravityMean)     0.276801
angle(Z,gravityMean)    -0.057978
subject                         2
Activity                 STANDING
Name: 0, Length: 563, dtype: object
第一筆的預測目標: STANDING
```

step03 分析與整理資料

找出空值個數並刪除空值。

行數	程式碼
1	`print(df['Activity'].value_counts())`

🔷 程式說明

✦ 第 1 行：找出欄位 Activity 各種狀態個數。

🔷 執行結果

```
LAYING                537
STANDING              532
WALKING               496
SITTING               491
WALKING_UPSTAIRS      471
WALKING_DOWNSTAIRS    420
Name: Activity, dtype: int64
```

step04 建立訓練資料與測試資料

準備機器學習模型的訓練資料與測試資料。

行數	程式碼
1	LE = LabelEncoder()
2	df['Activity'] = LE.fit_transform(df['Activity'])
3	X = np.asarray(df.drop(['Activity'],axis=1))
4	scaler = StandardScaler()
5	X = scaler.fit_transform(X)
6	y = np.asarray(df[['Activity']])
7	train_X , test_X , train_y , test_y = train_test_split(X, y, test_size=0.2, random_state=42)
8	print("訓練集的維度大小: ", train_X.shape)
9	print("測試集的維度大小: ", test_X.shape)

🔷 程式說明

✦ 第 1 到 2 行：使用 LabelEncoder 將欄位「Activity」轉換成數值。

✦ 第 3 行：設定 X 為資料集 df 刪除欄位「Activity」。

✦ 第 4 到 5 行：使用 StandardScaler 標準化輸入資料 X，讓平均值為 0，標準差平方為 1。

✦ 第 6 行：設定 y 為資料集 df 欄位「Activity」。

✦ 第 7 行：使用函式 train_test_split，以 X 為獨立變數，y 為相依變數，隨機挑選出訓練集與測試集，原始資料的百分之 80 為訓練集，剩餘百分之 20 為測試集。

✦ 第 8 到 9 行：使用 shape 顯示訓練資料與測試資料的筆數。

🔷 **執行結果**

```
訓練集的維度大小:    (2357, 562)
測試集的維度大小:    (590, 562)
```

step **05** 建立與訓練模型

使用 SVC 建立模型與訓練模型。

行數	程式碼
1	`model= svm.SVC(kernel='rbf')`
2	`model.fit(train_X, train_y)`

🔷 **程式說明**

✦ 第 1 行：建立支援向量機模型，設定 kernel 為 rbf，rbf 也是支援向量機的預設 kernel。

✦ 第 2 行：輸入訓練資料到模型進行訓練。

🔷 **執行結果**

SVC()

step **06** 模型預測

輸入測試資料到模型進行預測。

行數	程式碼
1	`pred_y = model.predict(test_X)`
2	`print(model.score(test_X, test_y))`
3	`print(confusion_matrix(test_y, pred_y))`

🔲 程式說明

✦ 第 1 行：使用函式 predict 進行預測，以 test_X 為輸入，變數 pred_y 參考到此結果。

✦ 第 2 行：使用函式 score 計算模型正確率。

✦ 第 3 行：使用混淆矩陣進行分析，發現 7 個測試資料辨別錯誤。

🔲 執行結果

```
0.988135593220339
[[106   0   0   0   0   0]
 [  0 102   1   0   0   0]
 [  0   4  92   0   0   0]
 [  0   0   0  96   1   0]
 [  0   0   0   0  83   0]
 [  0   0   0   0   1 104]]
```

step07 更換支援向量機的 kernel

更換支援向量機的 kernel 為 linear 與 poly。

行數	程式碼
1	model= svm.SVC(kernel='linear')
2	model.fit(train_X, train_y)
3	pred_y = model.predict(test_X)
4	print(confusion_matrix(test_y, pred_y))
5	model= svm.SVC(kernel='poly')
6	model.fit(train_X, train_y)
7	pred_y = model.predict(test_X)
8	print(confusion_matrix(test_y, pred_y))

🔲 程式說明

✦ 第 1 到 2 行：建立支援向量機模型，設定 kernel 為 linear，輸入訓練資料到模型進行訓練。

✦ 第 3 到 4 行：使用函式 predict 進行預測，以 test_X 為輸入，變數 pred_y 參考到此結果，使用混淆矩陣進行分析，發現 11 個測試資料辨別錯誤。

✦ 第 5 到 6 行：建立支援向量機模型，設定 kernel 為 poly，輸入訓練資料到模型進行訓練。

✦ 第 7 到 8 行：使用函式 predict 進行預測，以 test_X 為輸入，變數 pred_y 參考到此結果，使用混淆矩陣進行分析，發現 16 個測試資料辨別錯誤。

🎲 執行結果

```
[[106   0   0   0   0   0]
 [  0  95   8   0   0   0]
 [  0   3  93   0   0   0]
 [  0   0   0  97   0   0]
 [  0   0   0   0  83   0]
 [  0   0   0   0   0 105]]


[[106   0   0   0   0   0]
 [  0 101   2   0   0   0]
 [  0   2  93   1   0   0]
 [  0   0   0  97   0   0]
 [  0   0   0   2  72   9]
 [  0   0   0   0   0 105]]
```

7-4　習題

一. 問答題

1. 舉例說明支援向量機模型運作過程。

2. 使用文字與程式寫出支援向量機模型的操作步驟。

二. 實作題

防火牆判斷是否要讓網路封包通過

從以下網址下載資料檔 log2.csv。

```
https://www.kaggle.com/tunguz/internet-firewall-data-set
```

資料集的前五列資料如下，若欄位 Action 為 allow 表示允許封包通過，其餘表示不讓封包通過。

	Source Port	Destination Port	NAT Source Port	NAT Destination Port	Action	Bytes	Bytes Sent	Bytes Received	Packets	Elapsed Time (sec)	pkts_sent	pkts_received
0	57222	53	54587	53	allow	177	94	83	2	30	1	1
1	56258	3389	56258	3389	allow	4768	1600	3168	19	17	10	9
2	6881	50321	43265	50321	allow	238	118	120	2	1199	1	1
3	50553	3389	50553	3389	allow	3327	1438	1809	15	17	8	7
4	50002	443	45848	443	allow	25358	6778	18580	31	16	13	18

建立一個支援向量機模型，輸入資料預估是否讓網路封包通過，撰寫程式完成以下功能。

1. 匯入資料檔 log2.csv 到一個 DataFrame。

2. 檢查與統計資料

   (1) 檢查是否有空值、資料筆數、欄位名稱、第一筆資料內容、第一筆資料的目標值。

(2) 檢查每個欄位的資料型別，寫出非數值的欄位名稱。

3. 產生訓練資料集與測試資料集

(1) 非數值的欄位 Action，其資料為 allow、deny、drop 或 reset-both，請使用 LabelEncoder 轉換成數值。

(2) 使用欄位 Action 為相依變數(y)，可將輸入資料的剩餘欄位組成獨立變數(X)，是否有需要刪除的欄位，請說明原因。

(3) 隨機挑選輸入資料的 70% 為訓練資料集與剩餘 30% 為測試資料集。

4. 使用 SVC 建立支援向量機模型，並輸入訓練資料集進行訓練。

5. 評估模型

(1) 使用測試資料集評估模型的正確率。

(2) 產生測試資料集的混淆矩陣。

K-means 分群

　　K-means 屬於非監督式學習，用於分群問題。隨機挑選 K 個點，將所有點劃分於這 K 個點中最靠近的點來進行分群。接著重新計算各群中各點的平均為新的 K 個中心點，所有點再依照新的中心點分群，不斷重複直到 K 個中心點不再移動。利用物以類聚的概念進行分群，表示同一群的資料點彼此之間應該越靠近。

8-1 K-means 分群的運作過程

　　K-means 分群的運作過程如下：

step01　隨機挑選 K 個點為中心點。

step02　找到所有點到這 K 個中心點的距離，每一個點被分到最接近的中心點。

step03　重新計算每一群內各點的平均值為新的中心點。

step04　重複 step02 與 step03，直到中心點不再移動，或移動距離很短、或重複找中心點達到指定次數。

將以下 12 個點使用 K-means 分成兩群：

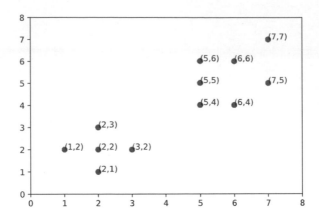

隨機挑選(5, 4)與(7, 7)為中心點，分成兩群，距離中心點越近者分成同一群，以斜線表示兩群的範圍。

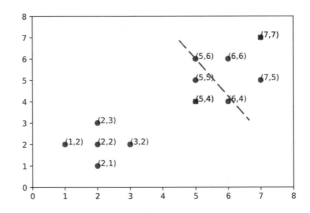

重新計算中心點，假設以(3.5, 3.5)與(6.4, 6.2)為中心點分成兩群，以斜線表示兩群的範圍。

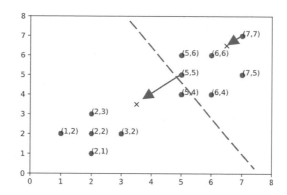

重新計算中心點，假設以(2.5, 2.5)與(6.2, 5.1)為中心點分成兩群，以斜線表示兩群的範圍。

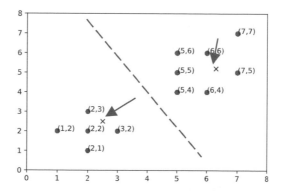

重新計算中心點，假設以(2, 2)與(6.2, 5.1)為中心點分成兩群，以斜線表示兩群的範圍。

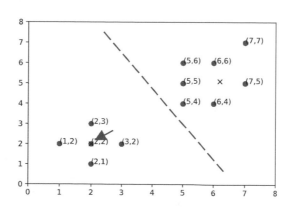

重新計算中心點,可以發現還是以(2, 2)與(6.2, 5.1)為中心點,不再改變,到此完成使用 K-means 演算法將 12 個點分成兩群。

8-2 使用 sklearn 實作 K-means 分群

使用 sklearn 實作 K-means 分群,只要將每筆資料輸入 K-means 分群模型,就可計算出每筆資料的所在群組。使用 sklearn 實作 K-means 分群的步驟如下。

(1) 輸入資料

```
X = data
```

(2) 建立模型

```
model = KMeans(init = "k-means++", n_clusters = 3)
```

參數 init 表示初始化中心點的方式,參數 n_cluster 表示要分成幾群。

(3) 訓練模型與模型預測

```
model.fit(X)
model.predict(X)
```

8-3 使用 K-means 分群實作範例

8-3-1 使用 K-means 對消費者進行分群

【8-3-1 使用 K-means 對消費者進行分群.ipynb】使用性別、居住地、收入與花費等對消費者分群,本範例測資來自於 Kaggle 網站,可以從以下網址下載 ClusteringHSS.csv。

https://www.kaggle.com/harrimansaragih/clustering-data-id-gender-income-spending

step01 匯入資料

匯入 ClusteringHSS.csv 到 DataFrame。

行數	程式碼
1	import pandas as pd
2	import matplotlib.pyplot as plt
3	from sklearn.cluster import KMeans
4	from sklearn.preprocessing import LabelEncoder
5	df = pd.read_csv("E:/data/ClusteringHSS.csv")
6	print(df.head())

🔹 **程式說明**

✦ 第 1 到 4 行：匯入函式庫。

✦ 第 5 行：讀取 ClusteringHSS.csv 轉換成 DataFrame，變數 df 參考到此結果。

✦ 第 6 行：使用函式 head 顯示變數 df 的前五筆資料。

🔹 **執行結果**

```
   ID Gender_Code Region  Income  Spending
0   1      Female  Rural    20.0      15.0
1   2        Male  Rural     5.0      12.0
2   3      Female  Urban    28.0      18.0
3   4        Male  Urban    40.0      10.0
4   5        Male  Urban    42.0       9.0
```

step02 檢查資料

檢查資料是否有空值、資料維度大小、欄位名稱、第一筆資料內容與資料型別。

行數	程式碼
1	`print(df.isnull().values.sum())`
2	`print("資料筆數:", df.shape)`
3	`print("資料的欄位名稱,分別是:", df.keys())`
4	`print("第一筆的資料內容:", df.iloc[0,::])`
5	`print(df.dtypes)`

🎁 程式說明

✦ 第 1 行:使用函式 isnull 檢查資料是否有空值(NaN),如果欄位有空值就會回傳 True,轉換成數值 1,加總結果就會是空值個數。

✦ 第 2 到 4 行:使用 shape 顯示資料的筆數,函式 keys 顯示欄位名稱,iloc 顯示指定範圍的資料內容。

✦ 第 5 行:顯示資料集 df 每個欄位的資料型別。

🎁 執行結果

發現有 23 個 NaN。

```
23
資料筆數: (1113, 5)
資料的欄位名稱,分別是: Index(['ID', 'Gender_Code', 'Region', 'Income', 'Spending'], dtype='object')
第一筆的資料內容: ID                      1
Gender_Code        Female
Region              Rural
Income                 20
Spending               15
Name: 0, dtype: object
ID              int64
Gender_Code    object
Region         object
Income        float64
Spending      float64
dtype: object
```

step03 整理資料

刪除不需要的欄位。

行數	程式碼
1	`df = df.dropna()`
2	`LE = LabelEncoder()`
3	`df['Gender_Code'] = LE.fit_transform(df['Gender_Code'])`

行數	程式碼
4	`LE = LabelEncoder()`
5	`df['Region'] = LE.fit_transform(df['Region'])`
6	`X = df.drop(['ID'],axis=1)`
7	`print(X.head())`

🔷 程式說明

✦ 第 1 行：使用函式 dropna 刪除資料集 df 所有空值。

✦ 第 2 到 5 行：使用 LabelEncoder 將欄位 Gender_Code 與 Region 由文字轉換成數值。

✦ 第 6 行：對於分群沒有幫助，刪除欄位 ID。

✦ 第 7 行：使用函式 head 顯示變數 X 的前五筆資料。

🔷 執行結果

```
   Gender_Code  Region  Income  Spending
0            0       0    20.0      15.0
1            1       0     5.0      12.0
2            0       1    28.0      18.0
3            1       1    40.0      10.0
4            1       1    42.0       9.0
```

step04　建立與訓練模型

使用 KMeans 建立模型與訓練模型。

行數	程式碼
1	`model = KMeans(init = "k-means++", n_clusters = 5)`
2	`model.fit(X)`
3	`print(model.cluster_centers_)`

🔷 程式說明

✦ 第 1 行：使用 KMeans 建立 K-means 分群，設定 init 為 k-means++，表示選擇 k-means++演算法，設定 n_clusters 為 5，表示分成 5 群，指定給變數 model。

> ✦ 第 2 到 3 行：輸入 X 到 KMeans 模型進行訓練，顯示這 5 群的中心點。

🔲 執行結果

```
[[ 5.01930502e-01  2.89575290e-01  2.31544402e+01  1.08301158e+01]
 [ 5.61702128e-01  1.00000000e+00  4.51617021e+01  1.14595745e+01]
 [ 5.14893617e-01 -1.66533454e-16  1.04723404e+01  8.25957447e+00]
 [ 5.50660793e-01  1.00000000e+00  3.35418502e+01  1.13348018e+01]
 [ 4.17910448e-01 -1.11022302e-16  1.25149254e+01  1.66865672e+01]]
```

step05 模型預測

輸入資料進行模型預測。

行數	程式碼
1	`model.predict(X)`

🔲 程式說明

> ✦ 第 1 行：以 X 為輸入，使用函式 predict 進行模型預測。

🔲 執行結果

```
array([0, 2, 3, ..., 3, 1, 0])
```

step06 資料表新增分群結果

在資料表新增分群結果欄位，並且進行分析。

行數	程式碼
1	`df["群"] = model.labels_`
2	`print(df.groupby('群').mean())`

🔲 程式說明

> ✦ 第 1 行：使用模型預估分群結果到資料集 df 的欄位「群」。

> ✦ 第 2 行：使用欄位「群」來群組化輸入資料，並求每一群的平均值。

執行結果

```
     Gender_Code    Region    Income    Spending
群
0       0.503846    0.288462  23.134615  10.842308
1       0.561702    1.000000  45.161702  11.459574
2       0.514894    0.000000  10.472340   8.259574
3       0.550661    1.000000  33.541850  11.334802
4       0.413534    0.000000  12.473684  16.706767
```

step07 繪製散布圖

繪製收入、花費、所屬群組的散布圖。

行數	程式碼
1	plt.scatter(X['Income'], X['Spending'], c=model.labels_)
2	plt.xlabel('Income')
3	plt.ylabel('Spending')
4	plt.show()

程式說明

✦ 第 1 行：使用函式 scatter 繪製散佈圖，以 X['Income']為 X 軸座標值，X['Spending']為 Y 軸座標值，設定顏色 c 為 model.labels。

✦ 第 2 到 4 行：設定 X 座標軸標籤為 Income，設定 Y 座標軸標籤為 Spending，顯示散佈圖到螢幕上。

執行結果

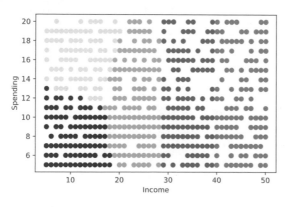

step08 使用模組的屬性 inertia_決定分群個數

模組的屬性 inertia_表示每個樣本點距離該群中心點距離的平方和，當 inertia_的值越小，表示每個點距離該群中心點越近。當分群個數（n_clusers）越大時，則 inertia_數值一定會越小，當分群個數大到某個值以後，inertia_數值下降幅度會越來越不明顯，就可以選用此臨界值當成分群個數。

行數	程式碼
1	`iner = []`
2	`for i in range(2,20):`
3	`    model = KMeans(init = "k-means++", n_clusters = i)`
4	`    model.fit(X)`
5	`    iner.append(model.inertia_)`
6	`plt.plot(range(2, 20), iner)`
7	`plt.xlabel('Number of Clusters')`
8	`plt.ylabel('inertia')`
9	`plt.xticks(range(2,20,2))`
10	`plt.show()`

🧊 程式說明

✦ 第 1 行：宣告變數 iner 為串列。

✦ 第 2 到 5 行：宣告迴圈變數 i，由 2 到 19 每次遞增 1，使用 KMeans 進行分群，迴圈變數 i 設定給參數 n_clusters，將訓練資料 X 輸入模組進行訓練，取得模組屬性 inertia_附加到變數 iner。

✦ 第 6 行：設定 X 軸為數值 2 到 19 每次遞增 1 的整數值，Y 軸為變數 iner。

✦ 第 7 到 10 行：設定 X 軸標題為 Number of Clusters，設定 Y 軸標題為 inertia，設定 X 軸座標點為 2 到 19 每次遞增 2，顯示繪圖結果到螢幕上。

◆ 執行結果

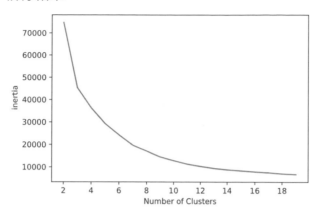

step 09 重新分群

重新分成 10 個群,並繪製收入、花費、所屬群組的散布圖。

行數	程式碼
1	model = KMeans(init = "k-means++", n_clusters = 10)
2	model.fit(X)
3	plt.scatter(X['Income'], X['Spending'], c=model.labels_)
4	plt.xlabel('Income')
5	plt.ylabel('Spending')
6	plt.show()

◆ 程式說明

✦ 第 1 行:使用 KMeans 建立 K-means 分群,設定 init 為 k-means++,表示選擇 k-means++演算法,設定 n_clusters 為 10,表示分成 10 群,指定給變數 model。

✦ 第 2 行:輸入 X 到 KMeans 模型進行訓練。

✦ 第 3 行:使用函式 scatter 繪製散佈圖,以 X['Income']為 X 軸座標值,X['Spending']為 Y 軸座標值,設定顏色 c 為 model.labels。

✦ 第 4 到 6 行:設定 X 座標軸標籤為 Income,設定 Y 座標軸標籤為 Spending,顯示圖片到螢幕上。

🔶 執行結果

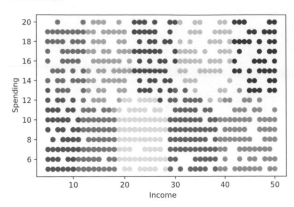

8-4 習題

一. 問答題

1. 舉例說明 K-means 模型運作過程。

2. 使用文字與程式寫出 K-means 模型的操作步驟。

二. 實作題

對 Kaggle 資料集進行分群

從以下網址下載資料檔 voted-kaggle-dataset.csv。

https://www.kaggle.com/canggih/voted-kaggle-dataset

以下為 Kaggle 資料集的前五筆資料：

```
                                   Tags Data Type     Size License  \
0                      crime\nfinance        CSV    144 MB     ODbL
1             association football\neurope   SQLite   299 MB     ODbL
2                                  film        CSV     44 MB    Other
3  crime\nterrorism\ninternational relations   CSV    144 MB    Other
4                      history\nfinance        CSV    119 MB      CC4

          Views        Download         Kernels      Topics  \
0  442,136 views  53,128 downloads  1,782 kernels  26 topics
1  396,214 views  46,367 downloads  1,459 kernels  75 topics
2  446,255 views  62,002 downloads  1,394 kernels  46 topics
3  187,877 views  26,309 downloads    608 kernels  11 topics
4  146,734 views  16,868 downloads     68 kernels  13 topics
```

建立一個 K-means 模型，對 Kaggle 資料集進行分群，撰寫程式完成以下功能。

1. 匯入資料檔 voted-kaggle-dataset.csv 到一個 DataFrame。

2. 檢查與統計資料

    (1) 檢查是否有空值、資料筆數、欄位名稱、第一筆資料內容。

    (2) 檢查每個欄位的資料型別與空值個數，請寫出非數值的欄位名稱。

3. 產生訓練資料集與測試資料集

    (1) 資料集只保留欄位 Votes、Data Type、License、Views 與 Download，並刪除所有空值。

    (2) 因為欄位 Views 與 Download 的內容為「442,136 views」與「53,128 downloads」，使用以下程式碼轉換成數值。

```
a = X['Views'].str.split(' ')
X['Views'] = pd.Series([int(a[i][0].replace(',','')) for i in range(len(a))])
```

    (3) 非數值的欄位 Data Type 與 License，請使用 LabelEncoder 轉換成數值。

4. 請使用 KMeans 建立 K-means 模型，並輸入訓練資料 X 進行訓練。

5. 分群結果

(1) 在原始資料集新增一個欄位為「群」,將每一筆輸入資料的分群結果記錄在此欄位。

(2) 繪製「Votes」、「Views」與所屬群組的分布圖。

6. 找出適合的分群個數

(1) 使用迴圈設定 n_clusters 的數值由 2 到 19,每次遞增 1,每次代入輸入資料 X 到 K-means 模型,計算模型的 inertia_,繪製成折線圖。

(2) 找出最適合的 n_clusters 值,使用此 n_clusters 值重新建立模型與訓練模型,重新繪製「Votes」、「Views」與所屬群組的散佈圖。

階層式分群

階層式分群（Hierarchical Clustering）屬於非監督式學習，用於分群問題。將資料不斷地分裂或聚合，直到想要的群數。分裂表示資料由上到下（top-down）方式進行分群，將整體資料視為一體，再依序分裂成兩群，再將兩群，其中一群分裂成兩群，就會分裂成三群，直到想要的群數；聚合表示資料由下到上（bottom-up）方式進行分群，依照距離不斷將兩個資料或群，組合成一個更大的群，直到想要的群數，本單元使用聚合方式建立階層式分群。

9-1 階層式分群的運作過程

階層式分群的運作過程如下：

step01 每個資料視為一群，假設有 n 個資料，就會有 n 群。

step02 找到所有群距離最短的兩群，將兩群聚合成一群

step03 假設群數仍然大於目標群數，不斷重複 step02，直到達到目標群數。

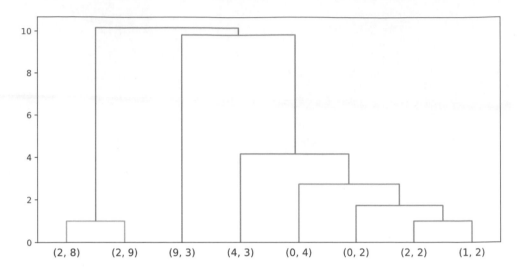

以上範例，先將(2,8)與(2,9)分成同一群，再將(2,2)與(1,2)分成同一群，接著在[(2,2),(1,2)]這一群加入(0,2)，形成[(2,2),(1,2),(0,2)]群，以此類推，直到所需要的群數。假設分成三群，則這三群為[(2,8), (2,9)]、[(9,3)]]、[(4,3), (0,4), (2,2), (1,2), (0,2)]。

9-2　使用 sklearn 實作階層式分群

　　使用 sklearn 實作階層式分群，只要將每筆資料輸入階層式分群模型，就可計算出每筆資料的所在群組。使用 sklearn 實作階層式分群的步驟如下：

(1) 輸入資料

```
X = data
```

(2) 建立模型

```
model=AgglomerativeClustering(n_clusters=3,affinity='euclidean',linkage='ward')
```

參數 n_clusters 表示要分成幾群。參數 affinity 用於設定計算距離的方式，分成 manhattan、cosine、l1、l2、euclidean。參數 linkage 設定計算群與群之間距離的方式，分成 single、complete、average、ward。

(3) 訓練模型與模型預測

```
model.fit_predict(X)
```

9-3 階層式分群實作範例

9-3-1 使用階層式分群預估鳶尾花種類

【9-3-1 使用階層式分群預估鳶尾花種類.ipynb】使用萼片長度與萼片寬度經由階層式分群預估鳶尾花種類。本範例測資來自於 sklearn.datasets 的函式 load_iris 下載鳶尾花資料，匯入程式如下：

```
from sklearn.datasets import load_iris
iris = load_iris()
```

step01 匯入資料

使用 sklearn.datasets 的函式 load_iris 匯入資料到 DataFrame。

行數	程式碼
1	import numpy as np
2	import matplotlib.pyplot as plt
3	import pandas as pd
4	from sklearn.cluster import AgglomerativeClustering
5	from sklearn.datasets import load_iris
6	iris=load_iris()
7	X=pd.DataFrame(iris.data)
8	X=X[[0,1]]
9	print(X.head())

🔹 程式說明

+ 第 1 到 5 行：匯入函式庫。

+ 第 6 行：使用函式 load_iris 匯入鳶尾花資料集到變數 iris。

+ 第 7 行：讀取鳶尾花資料集的 data 到變數 X。

+ 第 8 行：取出 X 第 1 到 2 欄資料。

+ 第 9 行：使用函式 head 顯示變數 df 前五筆資料。

🔹 執行結果

```
     0    1
0  5.1  3.5
1  4.9  3.0
2  4.7  3.2
3  4.6  3.1
4  5.0  3.6
```

step02 檢查資料

檢查資料是否有空值、資料維度大小、欄位名稱、第一筆資料內容。

行數	程式碼
1	print(X.isnull().values.sum())
2	print("資料筆數:", X.shape)
3	print("資料的欄位名稱，分別是:", X.keys())
4	print("第一筆的資料內容:", X.iloc[0,::])

🔹 程式說明

+ 第 1 行：使用函式 isnull 檢查資料是否有空值，如果欄位有空值就會回傳 True，轉換成數值 1，加總結果就會是空值個數。

+ 第 2 到 4 行：使用 shape 顯示資料的筆數，函式 keys 顯示欄位名稱，iloc 顯示指定範圍的資料內容。

🔷 執行結果

```
0
資料筆數: (150, 2)
資料的欄位名稱，分別是: Int64Index([0, 1], dtype='int64')
第一筆的資料內容: 0      5.1
1      3.5
Name: 0, dtype: float64
```

step03 建立模型

使用 AgglomerativeClustering 建立模型。

行數	程式碼
1	`model=AgglomerativeClustering(n_clusters=3,affinity='euclidean',` `linkage='ward')`

🔷 程式說明

✦ 第 1 行：使用 AgglomerativeClustering 建立階層式分群，設定
n_clusters 為 3，表示分成 3 群，設定 affinity 為「euclidean」，
表示使用 euclidean 計算距離，設定 linkage 為「ward」，表示
使用 ward 計算群與群之間距離。

step04 訓練模型與預測模型

使用 fit_predict 訓練模型與預測模型。

行數	程式碼
1	`model.fit_predict(X)`

🔷 程式說明

✦ 第 1 行：以 X 為輸入，使用函式 fit_predict 進行訓練模型與預測
模型。

🔲 **執行結果**

```
array([1, 1, 1, 1, 1, 1, 1, 1, 1, 1, 1, 1, 1, 1, 1, 1, 1, 1, 1, 1, 1, 1,
       1, 1, 1, 1, 1, 1, 1, 1, 1, 1, 1, 1, 1, 1, 1, 1, 1, 1, 1, 1, 1, 1,
       1, 1, 1, 1, 1, 1, 0, 0, 0, 2, 0, 2, 0, 1, 0, 1, 1, 0, 2, 0, 2, 0,
       2, 2, 2, 2, 0, 0, 2, 0, 0, 0, 0, 0, 0, 2, 2, 2, 2, 0, 2, 0, 0, 2,
       2, 2, 2, 0, 2, 1, 2, 2, 2, 0, 1, 2, 0, 2, 0, 0, 0, 0, 1, 0, 0, 0,
       0, 0, 0, 2, 2, 0, 0, 0, 0, 2, 0, 2, 0, 0, 0, 0, 0, 0, 0, 0, 0, 0,
       0, 0, 0, 0, 0, 0, 0, 0, 0, 0, 2, 0, 0, 0, 2, 0, 0, 0], dtype=int64)
```

step**05** 繪製分群結果圖

輸入資料到模型進行預測,並繪製分群結果的散佈圖。

行數	程式碼
1	`y = model.fit_predict(X)`
2	`plt.scatter(X[[0]],X[[1]],c= y)`

🔲 **程式說明**

✦ 第 1 行:使用模型 model 預估輸入 X 的分群結果到變數 y。

✦ 第 2 行:使用函式 scatter 繪製散佈圖,以 X[[0]] 為 X 軸座標, X[[1]] 為 Y 軸座標,設定顏色 c 為變數 y。

🔲 **執行結果**

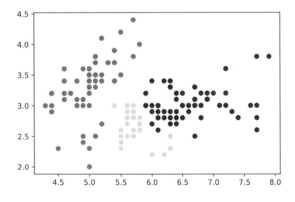

step**06** 使用其他距離公式進行分群

更換模型的參數 affinity 與 linkage,重新進行訓練模型與預測模型。

行數	程式碼
1	model=AgglomerativeClustering(n_clusters=3,affinity='manhattan', linkage='average')
2	y=model.fit_predict(X)
3	plt.scatter(X[[0]],X[[1]],c=y)

🔷 程式說明

✦ 第 1 行：使用 AgglomerativeClustering 建立階層式分群，設定 n_clusters 為 3，表示分成 3 群，設定 affinity 為「manhattan」，表示使用 manhattan 計算距離，設定 linkage 為「average」，表示使用 average 計算群與群之間距離。

✦ 第 2 行：使用模型 model 預估輸入 X 的分群結果到變數 y。

✦ 第 3 行：使用函式 scatter 繪製散佈圖，以 X[[0]]為 X 軸座標，X[[1]]為 Y 軸座標，設定顏色 c 為變數 y。

🔷 執行結果

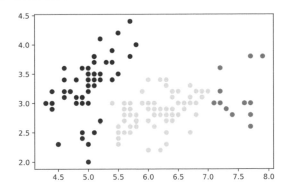

step07　使用 scipy 進行階層式分群，並繪製樹狀圖

使用 scipy 進行階層式分群，透過 scipy 可以畫出樹狀圖。

行數	程式碼
1	import scipy.cluster.hierarchy as hier
2	model = hier.linkage(X,metric='euclidean',method='ward')

行數	程式碼
3	`plt.figure(figsize=(12,8))`
4	`hier.dendrogram(model)`
5	`plt.title('Hierarchical Clustering')`
6	`plt.show()`

🔷 程式說明

✦ 第 1 行：匯入函式庫。

✦ 第 2 行：使用 linkage 建立階層式分群，設定 metric 為「euclidean」，表示使用 euclidean 計算距離，設定 method 為「ward」，表示使用 ward 計算群與群之間距離。

✦ 第 3 到 6 行：設定繪圖尺寸為寬 12 公分高 8 公分，使用函式 dendrogram 建立模型的樹狀圖，設定樹狀圖標題為「Hierarchical Clustering」，顯示繪圖結果。

🔷 執行結果

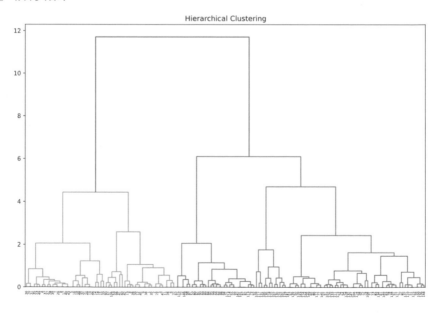

9-4 習題

一. 問答題

1. 舉例說明階層式分群運作過程。

2. 使用文字與程式寫出階層式分群的操作步驟。

二. 實作題

對信用卡客戶使用階層式分群

從以下網址下載資料檔 CC GENERAL.csv。

```
https://www.kaggle.com/arjunbhasin2013/ccdata
```

資料集前五列的部分資料如下：

```
   CUST_ID      BALANCE  BALANCE_FREQUENCY  PURCHASES  ONEOFF_PURCHASES  \
0  C10001     40.900749           0.818182      95.40              0.00
1  C10002   3202.467416           0.909091       0.00              0.00
2  C10003   2495.148862           1.000000     773.17            773.17
3  C10004   1666.670542           0.636364    1499.00           1499.00
4  C10005    817.714335           1.000000      16.00             16.00

   INSTALLMENTS_PURCHASES  CASH_ADVANCE  PURCHASES_FREQUENCY  \
0                    95.4      0.000000             0.166667
1                     0.0   6442.945483             0.000000
2                     0.0      0.000000             1.000000
3                     0.0    205.788017             0.083333
4                     0.0      0.000000             0.083333
```

建立一個階層式分群，輸入資料預估分群，撰寫程式完成以下功能。

1. 匯入資料檔 CC GENERAL.csv 到一個 DataFrame。

2. 檢查與統計資料

    (1) 檢查是否有空值、資料筆數、欄位名稱、第一筆資料內容。

(2) 檢查每個欄位的資料型別,寫出非數值的欄位名稱。

3. 產生訓練資料集與測試資料集

假設以「BALANCE」與「PAYMENTS」進行分群,輸入資料的哪些欄位組成訓練資料 X,請說明原因。

4. 使用 AgglomerativeClustering 建立階層式分群模型,並輸入訓練資料 X 進行訓練。

5. 分群結果

(1) 在原始資料集新增一個欄位為「群」,將每一筆輸入資料的分群結果記錄在此欄位。

(2) 繪製「BALANCE」、「PAYMENTS」與所屬群組的分布圖。

神經網路

10

神經網路（Neural Network，縮寫為 NN）是模擬大腦的神經元（neurons）運作，使用數學模型進行模擬大腦神經元的運作，數學模型在電腦上進行計算產生結果。神經網路由大量神經元組成，經由外部輸入資料，神經網路調整內部參數獲得學習結果。

10-1 神經網路的神經元

神經網路模擬人類大腦的神經元運作，神經網路的神經元（neurons）又稱作 unit 或 node，其運作圖示請見下頁圖。左方輸入資料為(X_1, X_2, ..., X_m)，分別乘以對應的權重(W_1, W_2, ..., W_m)累加起來，再加上偏移量 W_0 所獲得的值為 Z，此計算為線性轉換，通過非線性的激勵函式（activation function）轉換成神經元的輸出 A。神經網路由許多個神經元所組成，又可以分好幾層，用來辨識輸入的資料，達成學習的效果。

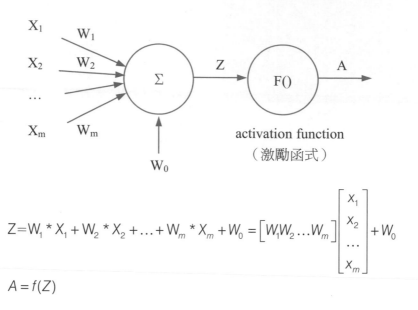

$$Z = W_1 * X_1 + W_2 * X_2 + \ldots + W_m * X_m + W_0 = \begin{bmatrix} W_1 W_2 \ldots W_m \end{bmatrix} \begin{bmatrix} X_1 \\ X_2 \\ \ldots \\ X_m \end{bmatrix} + W_0$$

$$A = f(Z)$$

10-2 線性可分割與非線性可分割

問題可以使用一條線劃分開來，找出這條線就可以辨識出結果，稱作線性可分割問題。假設下圖中的點，右上方的點(3,5)，(4,4)，(5,3)是同一組；左下方的點(2,3)，(2,2)，(3,2)為同一組，請找一條直線將此六個點分成指定的兩組，經由直線 y = -x + 6，將此六個點分割成兩組，達成所需功能，此問題為線性可分割，表示經由一條直線可以精確分割。

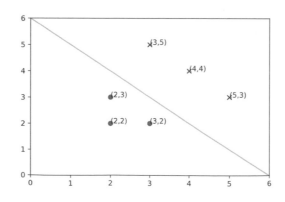

下圖神經元左側為線性方程式「$Z = W_1*X_1 + W_2*X_2 + ... + W_m*X_m + W_0$」就可以解決線性可分割問題，不需要右側的激勵函式。

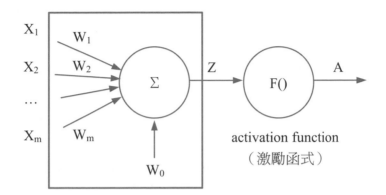

若如下圖所示，右上方的點(3,5)，(4,4)，(5,3)，新增節點(2,1)為同一組，則找不到一條直線，可以精確分割這七個點達成所需分割，可知此為非線性可分割問題。

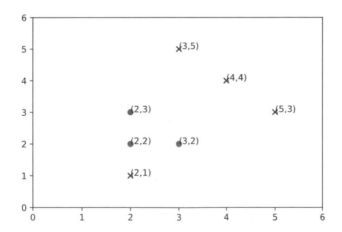

許多問題都屬於非線性可分割。神經網路適用於非線性可分割問題，使用神經元右側的非線性的激勵函式，讓神經元有可能辨識非線性可分割問題；利用多層架構的神經元與適當的訓練，達成有效的辨識非線性可分割問題。

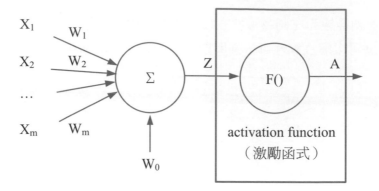

以下使用邏輯閘介紹線性可分割問題與非線性可分割問題，邏輯閘 AND 屬於線性可分割問題，邏輯閘 XOR 屬於非線性可分割問題。

邏輯閘 AND

若兩個輸入值為 1，則輸出值為 1；若一個或兩個輸入值為 0，則輸出為 0，真值表如下。

輸入 X1	輸入 X2	輸出 Y
0	0	0
0	1	0
1	0	0
1	1	1

將這些點表示在 X1 與 X2 平面上，如右圖，可以找到一條線分割這些輸出值，讓輸出值 0 與輸出值 1 能夠分開，例如：直線 X1＋X2-1.5＝0，所以邏輯閘 AND 為線性可分割問題。

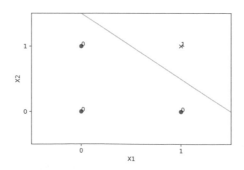

邏輯閘 XOR

若一個輸入值為 1，另一個輸入值為 0，則輸出值為 1，兩個輸入值都為 0 或兩個輸入值都為 1，則輸出值為 0，真值表如下：

輸入 X1	輸入 X2	輸出 Y
0	0	0
0	1	1
1	0	1
1	1	0

如下圖所示，將這些點表示在 X1 與 X2 平面上，此時找不到一條線分割這些輸出值，讓輸出值 0 與輸出值 1 能夠分開，所以邏輯閘 XOR 為線性不可分割問題。

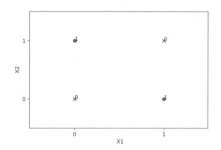

要如何解決非線性可分割問題，在神經網路要使用多層神經元組成，與非線性的激勵函式來達成，在之後單元會介紹此範例。

10-3 神經網路的運作

一層（single layer）神經網路可以由多個神經元組成，下圖為 n 個神經元所組成的一層神經網路。假設一個輸入資料有 m 個元素，分別為 X1、X2、...、Xm，輸出 n 筆資料，參數 W 會形成 m x n 的二維矩陣，神經網路的訓練過程就是調整參數 W 來達成學習效果。如果 m 個輸入資料連結到 n 個神經元的每個神經元，加上 1 個偏移量的輸入，也連結到 n 個神經元的每個神經元，則會有(m＋1)*n 個連接線，稱作**全連結層（Fully Connected Layer）**，如下圖所示，神經網路習慣使用全連結層。

第 1 個神經元的輸出 Z1 等於 W11*X1+W21*X2+...+Wm1*Xm+W01*1，此為線性轉換，經由非線性的激勵函式 f 轉換成 A1，也就是 A1 等於 f(Z1)；第 2 個神經元的輸出 Z2 等於 W12*X1+W22*X2+...+Wm2*Xm+W02*1，此為線性轉換，經由非線性的激勵函式 f 轉換成 A2，也就是 A2 等於 f(Z2)；依此類推，假設有 n 個神經元，則會執行這樣的轉換 n 次，輸入 m 個資料會產出 n 個輸出。

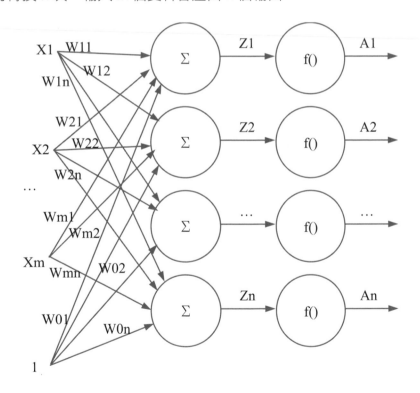

將這些 W（每條線上的參數值）組成一個二維陣列 W，如下頁。輸入資料到神經網路進行訓練，其目的就是經由不斷地調整參數陣列 W 內的所有參數值，讓神經網路可以產出比較正確的預估結果。

$$W = \begin{bmatrix} W11 & W21 & \dots & Wm1 \\ W12 & W22 & \dots & Wm2 \\ \dots & \dots & \dots & \dots \\ W1n & W2n & \dots & Wmn \end{bmatrix}$$

上述計算過程，使用矩陣運算表示，如下。

$$Z = \begin{bmatrix} Z1 \\ Z2 \\ \dots \\ Zn \end{bmatrix} = WX + W0 = \begin{bmatrix} W11 & W21 & \dots & Wm1 \\ W12 & W22 & \dots & Wm2 \\ \dots & \dots & \dots & \dots \\ W1n & W2n & \dots & Wmn \end{bmatrix} \begin{bmatrix} X1 \\ X2 \\ \dots \\ Xm \end{bmatrix} + \begin{bmatrix} W01 \\ W02 \\ \dots \\ W0n \end{bmatrix}$$

$$A = f(\begin{bmatrix} Z1 \\ Z2 \\ \dots \\ Zn \end{bmatrix}) = \begin{bmatrix} f(Z1) \\ f(Z2) \\ \dots \\ f(Zn) \end{bmatrix}$$

多個一層神經網路可以組成多層神經網路（many layer），下頁為兩層的神經網路範例。第一層的輸出$(A1_1, A2_1, \dots, An_1)$為第二層的輸入，假設第二層神經網路有 p 個，第二層與第一層神經網路架構相同，可以使用不同的激勵函式，只是第二層輸入 n 個資料，產生 p 個結果。每一層神經網路就是找出最適合的參數 W，讓整個神經網路產生更好的預測結果。神經網路可以有很多層，但是層數越多，計算複雜度越高，所需計算時間越長，學習效果不一定比較好。

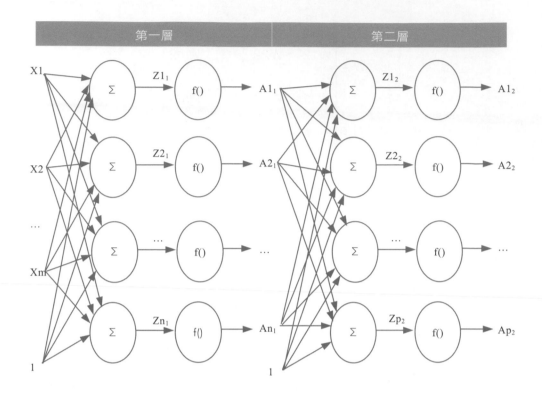

10-3-1　神經網路的運作原理

step **01**　建立多層的神經網路與每層所使用的激勵函式。

step **02**　使用前向傳播算法（forward propagation），將多筆資料輸入神經網路計算預估結果。

step **03**　加總多筆資料的預估結果與真正結果的差異，差異越大則損失值（Loss）越大。

step **04**　使用反向傳播算法（back propagation）更新權重 W，目標為降低損失值。

step **05**　不斷重複使用前向傳播算法與反向傳播算法，直到損失值不再明顯降低。

能夠準確預估的神經網路，表示找到最佳權重 W，使得預估結果與真正結果的差異越小越好，也就是獲得最小的損失值。

10-3-2　神經網路的運作範例

以下舉例說明二層神經網路的運作。假設第一層有 3 個神經元，激勵函式 f 使用 ReLU，該函式輸入正數則回傳該正數，負數與 0 都回傳為 0。第二層有 1 個神經元，激勵函式 f 使用 sigmoid，$sigmoid(x) = \dfrac{1}{1+e^{-x}}$，之後會詳細介紹激勵函式。

step01　假設第 1 筆輸入資料為 $X = \begin{bmatrix} 2 \\ 1 \end{bmatrix}$，y=1，第 2 筆輸入資料為 $X = \begin{bmatrix} -1 \\ -2 \end{bmatrix}$，y=0。為了簡化計算複雜度，假設權重隨機從[-2, -1, 1, 2]四個數字隨機挑選組合而成，隨機初始化第一層權重 W_1 為 $\begin{bmatrix} 1 & 1 \\ 2 & 1 \\ -2 & 2 \end{bmatrix}$，$W0_1 = \begin{bmatrix} -2 \\ -2 \\ 1 \end{bmatrix}$，隨機初始化第二層權重 W_2 為 $\begin{bmatrix} -1 & 1 & 1 \end{bmatrix}$，$W0_2 = \begin{bmatrix} 1 \end{bmatrix}$，下標數字表示第幾層。

第一層，激勵函式 f 使用 ReLU	第二層，激勵函式 f 使用 sigmoid
第一層權重 W_1 為 $\begin{bmatrix} 1 & 1 \\ 2 & 1 \\ -2 & 2 \end{bmatrix}$，$W0_1 = \begin{bmatrix} -2 \\ -2 \\ 1 \end{bmatrix}$	第二層權重 W_2 為 $\begin{bmatrix} -1 & 1 & 1 \end{bmatrix}$，$W0_2 = \begin{bmatrix} 1 \end{bmatrix}$

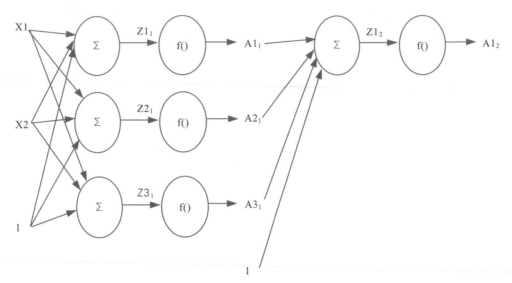

step02 如下圖，分別從左方輸入第一筆資料 $X=\begin{bmatrix} 2 \\ 1 \end{bmatrix}$ 與目標值 y=1 到第一

層，結果為 $\begin{bmatrix} A1_1 \\ A2_1 \\ A3_1 \end{bmatrix}$，將 $\begin{bmatrix} A1_1 \\ A2_1 \\ A3_1 \end{bmatrix}$ 輸入第二層預測結果為 $A1_2$，再透過

損失函式計算第一筆資料的目標值(y=1)與神經網路預測結果的

差異。輸入第二筆資料 $X=\begin{bmatrix} -1 \\ -2 \end{bmatrix}$ 與目標值 y=0 到第一層，結果為

$\begin{bmatrix} A1_1 \\ A2_1 \\ A3_1 \end{bmatrix}$，將 $\begin{bmatrix} A1_1 \\ A2_1 \\ A3_1 \end{bmatrix}$ 輸入第二層預測結果為 $A1_2$，再透過損失函式計

算第二筆資料的目標值(y=0)與神經網路預測結果的差異。此步驟
資料由左到右流動稱作前向傳播算法（forward propagation）。

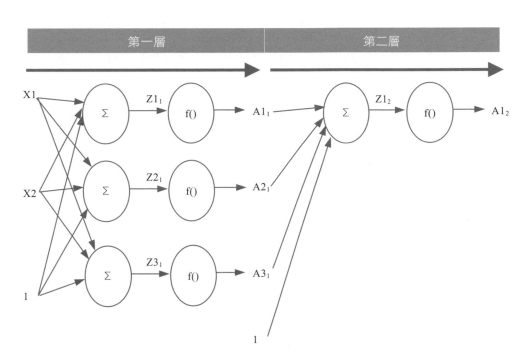

輸入資料第一筆資料 $x = \begin{bmatrix} 2 \\ 1 \end{bmatrix}$，y=1，進入第一層神經網路，輸出結

果為 $\begin{bmatrix} 1 \\ 3 \\ 0 \end{bmatrix}$，計算過程如下。

$$\begin{bmatrix} Z1_1 \\ Z2_1 \\ Z3_1 \end{bmatrix} = Z_1 - W_1X + W0_1 - \begin{bmatrix} 1 & 1 \\ 2 & 1 \\ -2 & 2 \end{bmatrix} \begin{bmatrix} 2 \\ 1 \end{bmatrix} + \begin{bmatrix} -2 \\ -2 \\ 1 \end{bmatrix} = \begin{bmatrix} 1 \\ 3 \\ -1 \end{bmatrix}$$

$$\begin{bmatrix} A1_1 \\ A2_1 \\ A3_1 \end{bmatrix} = A_1 = ReLU(Z_1) = \begin{bmatrix} 1 \\ 3 \\ 0 \end{bmatrix}$$

第一層的輸出 $\begin{bmatrix} 1 \\ 3 \\ 0 \end{bmatrix}$，變成第二層的輸入，預測結果為 $A1_2 = \hat{y} = 0.95257$，

計算過程如下：

$$[Z1_2] = Z_2 = W_2X + W0_2 = \begin{bmatrix} -1 & 1 & 1 \end{bmatrix} \begin{bmatrix} 1 \\ 3 \\ 0 \end{bmatrix} + [1] = [3]$$

$$[A1_2] = A_2 = sigmoid(Z_2) = \frac{1}{1+e^{-3}} = 0.95257 \text{，} y=1 \text{，預測結果} \hat{y} \text{為}$$

0.95257。

輸入資料第二筆資料 $x = \begin{bmatrix} -1 \\ -2 \end{bmatrix}$，y=0，進入第一層神經網路，輸出

$\begin{bmatrix} 0 \\ 0 \\ 0 \end{bmatrix}$，計算過程如下。

$$\begin{bmatrix} Z1_1 \\ Z2_1 \\ Z3_1 \end{bmatrix} = Z_1 = W_1X + W0_1 = \begin{bmatrix} 1 & 1 \\ 2 & 1 \\ -2 & 2 \end{bmatrix} \begin{bmatrix} -1 \\ -2 \end{bmatrix} + \begin{bmatrix} -2 \\ -2 \\ 1 \end{bmatrix} = \begin{bmatrix} -5 \\ -6 \\ -1 \end{bmatrix}$$

$$\begin{bmatrix} A1_1 \\ A2_1 \\ A3_1 \end{bmatrix} = A_1 = ReLU(Z_1) = \begin{bmatrix} 0 \\ 0 \\ 0 \end{bmatrix}$$

第一層的輸出 $\begin{bmatrix} 0 \\ 0 \\ 0 \end{bmatrix}$，變成第二層的輸入，輸出 $\hat{y} = 0.731059$，計算過

程如下。

$$[Z1_2] = Z_2 = W_2X + W0_2 = \begin{bmatrix} -1 & 1 & 1 \end{bmatrix} \begin{bmatrix} 0 \\ 0 \\ 0 \end{bmatrix} + [1] = [1]$$

$$[A1_2] = A_2 = sigmoid(Z_2) = \frac{1}{1+e^{-1}} = 0.731059 \quad y=0 \text{，預測結果} \hat{y} \text{為}$$

0.731059。

　　損失函式輸入第一筆與第二筆輸入資料的預測值 $\hat{y}$ 與 y，當兩者差異越大時，損失函式回傳值越大，當損失函式回傳值越小時，表示神經網

路能比較精準預測，透過損失函式判斷是否獲得較正確的神經網路。調整第一層參數 W_1 與與第二層參數 W_2，來降低損失函式，提高預測的準確度。

step03 定義與計算損失函式 Loss(y, ŷ)

本範例使用 cross-entropy 為損失函式，ŷ 表示神經網路的預測結果，

	y	ŷ	Loss(y, ŷ)
第一筆資料 $\begin{bmatrix} 2 \\ 1 \end{bmatrix}$	1	0.95257	0.680925
第二筆資料 $\begin{bmatrix} -1 \\ -2 \end{bmatrix}$	0	0.731059	

計算過程如下：

$$Loss(y, \hat{y}) = -\frac{1}{n} \sum_{i=1}^{i=n} (y * \log(\hat{y}) + (1 - y) * \log(1 - \hat{y}))$$

$$= -\frac{1}{2} ((1 * \log 0.95257 + (1 - 1) * \log(1 - 0.95257) + (0 * \log 0.731059 +$$
$$(1 - 0) * \log(1 - 0.731059))$$
$$= 0.680925$$

step04 從右邊到左邊更新每一層的參數 W 與 W0。

如下頁圖，首先計算第二層參數 W_2 與 $W0_2$，找出新的參數 W_2 與 $W0_2$，使得損失函式 Loss(y, ŷ) 獲得更小的值。接著計算第一層參數 W_1 與 $W0_1$，找出新的參數 W_1 與 $W0_1$，使得損失函式 Loss(y, ŷ) 獲得更小的值。先更新第二層參數，再更新第一層參數，從右到左的順序進行更新參數，這個過程稱作反向傳播算法（back propagation）。

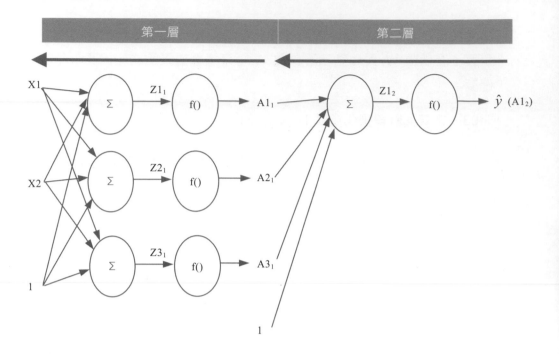

使用微積分的**連鎖律（Chain Rule）**獲得 $Loss(y, \hat{y})$ 對第二層神經網路的參數 W_2 的偏微分 ($\frac{\partial Loss(y,\hat{y})}{\partial W_2}$)，此值相當於斜率，乘以**學習率（learning rate）**，假設使用 η 表示，就是參數 W_2 的每個元素的位移量，參數 W_2 減去學習率 η 乘以 $\frac{\partial Loss(y,\hat{y})}{\partial W_2}$ 獲得新的 W_2，公式如下：

$$W_2 = W_2 - \eta \times \frac{\partial Loss(y,\hat{y})}{\partial W_2}$$

計算 $Loss(y, \hat{y})$ 對參數 $W0_2$ 的偏微分 ($\frac{\partial Loss(y,\hat{y})}{\partial W0_2}$)，此值相當於斜率，乘以學習率，就是參數 $W0_2$ 的每個元素的位移量，參數 $W0_2$ 減去學習率 η 乘以 $\frac{\partial Loss(y,\hat{y})}{\partial W0_2}$ 獲得新的 $W0_2$，公式如下：

$$W0_2 = W0_2 - \eta \times \frac{\partial Loss(y,\hat{y})}{\partial W0_2}$$

舉例說明：函式 Loss(y, ŷ)如下圖，W_2 為 4，獲得 Loss(y, ŷ)值為 4，使用點(4, 4)表示此狀態。假設斜率 $\frac{\partial Loss(y,\hat{y})}{\partial W_2}$ 為 2，學習率(η)為 0.5，參數 W_2 減去學習率 η 乘以 $\frac{\partial Loss(y,\hat{y})}{\partial W_2}$ 獲得新的 W_2，也就是 $W_2 = W_2 - \eta \times \frac{\partial Loss(y,\hat{y})}{\partial W_2}$ = 4 - 0.5 × 2 = 3，新的 W_2 獲得的 Loss(y, ŷ)值為 2.25，使用點(3, 2.25)表示此狀態。相當於下圖由點(4, 4)移動到點(3, 2.25)，使用新的 W_2 降低了 Loss(y, ŷ)值表示獲得更正確的學習結果，不斷地使用此方式更新 W_2 就可以逼近最低的損失 Loss(y, ŷ)值，如下圖虛線。

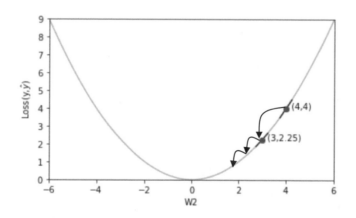

　　學習率不一定是固定的數值，目前有許多演算法可以動態決定學習率，當學習率設定過大，可能會跳動太快，導致無法收斂，無法找到最小損失函式值；學習率設定過小，可能找尋速度過慢，所需訓練時間過長，且可能找到區域最佳解，而非全部最佳解。假設設定學習率 η 為 0.1。連鎖律（Chain Rule）與偏微分超出本書範圍，直接顯示結果。第二層神經網路更新 W_2 與 $W0_2$ 計算過程如下：

$$W_2 = W_2 - \eta * \frac{\partial Loss(y,\hat{y})}{\partial W_2} = \begin{bmatrix} -1 \\ 1 \\ 1 \end{bmatrix} - 0.1 * \begin{bmatrix} -0.047426 \\ -0.142278 \\ 0.000000 \end{bmatrix} = \begin{bmatrix} -0.995257 \\ 1.014228 \\ 1.000000 \end{bmatrix}$$

$$WO_2 = WO_2 - \eta * \frac{\partial Loss(y, \hat{y})}{\partial WO_2} = 1 - 0.1 * 0.683633 = 0.931637$$

繼續使用微積分的連鎖律獲得 $Loss(y, \hat{y})$ 對第一層神經網路的參數 W_1 的偏微分 ($\frac{\partial Loss(y, \hat{y})}{\partial W_1}$)，此值相當於斜率，乘以學習率 η，就是參數 W_1 的每個元素的位移量，參數 W_1 減去學習率 η 乘以 $\frac{\partial Loss(y, \hat{y})}{\partial W_1}$ 獲得新的 W_1。計算 $Loss(y, \hat{y})$ 對參數 WO_1 的偏微分 ($\frac{\partial Loss(y, \hat{y})}{\partial WO_1}$)，此值相當於斜率，乘以學習率 η，就是參數 WO_1 的每個元素的位移量，參數 WO_1 減去學習率 η 乘以 $\frac{\partial Loss(y, \hat{y})}{\partial WO_1}$ 獲得新的 WO_1。第一層神經網路更新 W_1 與 WO_1 計算過程如下：

$$W_1 = W_1 - \eta * \frac{\partial Loss(y, \hat{y})}{\partial W1} = \begin{bmatrix} 1 & 1 \\ 2 & 1 \\ -2 & 2 \end{bmatrix} - 0.1 * \begin{bmatrix} 0.094852 & 0.047426 \\ -0.094852 & -0.047426 \\ -0.047426 & 0.1 \end{bmatrix}$$

$$= \begin{bmatrix} 0.990515 & 0.9952576 \\ 2.009485 & 1.004743 \\ -2 & 2 \end{bmatrix}$$

$$WO_1 = WO_1 - \eta * \frac{\partial Loss(y, \hat{y})}{\partial W01} = \begin{bmatrix} -2 \\ -2 \\ 1 \end{bmatrix} - 0.1 * \begin{bmatrix} 0.047426 \\ -0.047426 \\ 0.0 \end{bmatrix} = \begin{bmatrix} -2.004743 \\ -1.995257 \\ 1.0 \end{bmatrix}$$

step05 執行 step02 的前向傳播算法(forward propagation)獲得新的預估值 $\hat{y}$。

輸入資料第一筆資料 $X = \begin{bmatrix} 2 \\ 1 \end{bmatrix}$，y=1，進入第一層神經網路，輸出

$\begin{bmatrix} 0.971544 \\ 3.028456 \\ 0 \end{bmatrix}$，計算過程如下：

$$Z_1 = W_1X + W0^1 = \begin{bmatrix} 0.99515 & 0.995257 \\ 2.009485 & 1.004743 \\ -2 & 2 \end{bmatrix} \begin{bmatrix} 2 \\ 1 \end{bmatrix} + \begin{bmatrix} -2.004743 \\ -1.995257 \\ 1.0 \end{bmatrix} = \begin{bmatrix} 0.971544 \\ 3.028456 \\ -1 \end{bmatrix}$$

$$A^1 = ReLU(Z_1) = \begin{bmatrix} 0.971544 \\ 3.028456 \\ 0 \end{bmatrix}$$

第一層的輸出 $\begin{bmatrix} 0.971544 \\ 3.028456 \\ 0 \end{bmatrix}$ ，變成第二層的輸入，輸出 y=0.95257，

計算過程如下：

$$Z_2 = W_2X + W0_2 = \begin{bmatrix} -0.995257 & 1.014228 & 1.0 \end{bmatrix} \begin{bmatrix} 0.971544 \\ 3.028456 \\ 0 \end{bmatrix} + \begin{bmatrix} 0.931637 \end{bmatrix}$$

$$= \begin{bmatrix} 3.0362443 \end{bmatrix}$$

$$\hat{y} = sigmoid(Z_2) = \frac{1}{1+e^{-3.0362443}} = 0.95418 ，y=1，預測 \hat{y} 為 0.95418。$$

輸入資料第二筆資料 $x = \begin{bmatrix} -1 \\ -2 \end{bmatrix}$ ，y=0，進入第一層神經網路，輸出

$\begin{bmatrix} 0 \\ 0 \\ 0 \end{bmatrix}$ ，計算過程如下：

$$Z_1 = W_1X + W0_1 = \begin{bmatrix} 0.990515 & 0.995257 \\ 2.009485 & 1.004743 \\ -2 & 2 \end{bmatrix} \begin{bmatrix} -1 \\ -2 \end{bmatrix} + \begin{bmatrix} -2.004743 \\ -1.995257 \\ 1.0 \end{bmatrix}$$

$$= \begin{bmatrix} -4.985772 \\ -6.014228 \\ -1.0 \end{bmatrix}$$

$$A_1 = \text{ReLU}(Z_1) = \begin{bmatrix} 0 \\ 0 \\ 0 \end{bmatrix}$$

第一層的輸出 $\begin{bmatrix} 0 \\ 0 \\ 0 \end{bmatrix}$，變成第二層的輸入，輸出 $\hat{y} = 0.717407$，計算過

程如下：

$$Z_2 = W_2 X + W0_2 = \begin{bmatrix} -0.995257 & 1.014228 & 1.0 \end{bmatrix} \begin{bmatrix} 0 \\ 0 \\ 0 \end{bmatrix} + \begin{bmatrix} 0.931637 \end{bmatrix}$$

$$= \begin{bmatrix} 0.931637 \end{bmatrix}$$

$$\hat{y} = sigmoid(Z_2) = \frac{1}{1 + e^{-0.931637}} = 0.717407，\text{y=0，預測 } \hat{y} \text{ 為 } 0.717407。$$

執行 step**03** 計算損失函式 Loss(y, $\hat{y}$)的數值，$\hat{y}$ 表示神經網路的預測
結果，也就是第二層的輸出結果 $\hat{y}$，獲得損失值為 0.655323。

	y	$\hat{y}$	Loss(y, $\hat{y}$)
第一筆資料 $\begin{bmatrix} 2 \\ 1 \end{bmatrix}$	1	0.95418	0.655323
第二筆資料 $\begin{bmatrix} -1 \\ -2 \end{bmatrix}$	0	0.717407	

損失值計算過程如下：

$$Loss(y, \hat{y}) = -\frac{1}{n} \sum_{i=1}^{i=n} (y * \log(\hat{y}) + (1-y) * \log(1-\hat{y}))$$

$$= -\frac{1}{2}((1 * \log 0.95418 + (1-1) * \log(1-0.95418) + (0 * \log 0.717407 +$$

$$(1-0) * \log(1-0.717407))$$

$$= 0.655323$$

執行 step04 的反向傳播算法（back propagation），從右邊到左邊更新每一層的參數 W 與 W0。首先計算第二層參數 W_2 與 WO_2，找出新的參數 W_2 與 WO_2 使得損失函式 $Loss(y, \hat{y})$ 獲得更小的值。

$$W_2 = W_2 - \eta * \frac{\partial Loss(y,\hat{y})}{\partial W_2} = \begin{bmatrix} -0.995257 \\ 1.014228 \\ 1.0 \end{bmatrix} - 0.1 * \begin{bmatrix} -0.044511 \\ -0.138749 \\ 0.000000 \end{bmatrix}$$

$$= \begin{bmatrix} -0.990806 \\ 1.028103 \\ 1.000000 \end{bmatrix}$$

$$WO_2 = WO_2 - \eta * \frac{\partial Loss(y,\hat{y})}{\partial WO_2} = 0.931637 - 0.1 * 0.671592 = 0.864478$$

接著計算第一層參數 W_1 與 WO_1，找出新的參數 W_1 與 WO_1 使得損失函式 $Loss(y, \hat{y})$ 獲得更小的值

$$W_1 = W_1 - \eta * \frac{\partial Loss(y,\hat{y})}{\partial W_1} = \begin{bmatrix} 0.990515 & 0.995257 \\ 2.009485 & 1.004743 \\ -2 & 2 \end{bmatrix} - 0.1 *$$

$$\begin{bmatrix} 0.991196 & 0.045598 \\ -0.092934 & -0.046467 \\ 0.0 & 0.0 \end{bmatrix} = \begin{bmatrix} 0.981395 & 0.990698 \\ 2.018779 & 1.009389 \\ -2 & 2 \end{bmatrix}$$

$$WO_1 = WO_1 - \eta * \frac{\partial Loss(y,\hat{y})}{\partial WO_1} = \begin{bmatrix} -2.004743 \\ -1.995257 \\ 1.0 \end{bmatrix} - 0.1 * \begin{bmatrix} 0.045598 \\ -0.046467 \\ 0.0 \end{bmatrix}$$

$$= \begin{bmatrix} -2.009302 \\ -1.990611 \\ 1.0 \end{bmatrix}$$

step06 接著不斷使用前向傳播算法（forward propagation）獲得新的預測值 $\hat{y}$，透過 Loss 函式獲得更小的損失值，接著使用反向傳播算法（back propagation）更新參數 W，連續重複 10 次、20 次、50 次、100 次獲得的預測值 $\hat{y}$，可以發現預測結果越來越接近目標值，損失值越來越小。

	y	$\hat{y}$	Loss(y, $\hat{y}$)
10 次	$\begin{bmatrix} 1 \\ 0 \end{bmatrix}$	$\begin{bmatrix} 0.964202 \\ 0.605790 \end{bmatrix}$	0.483663
20 次	$\begin{bmatrix} 1 \\ 0 \end{bmatrix}$	$\begin{bmatrix} 0.972850 \\ 0.478687 \end{bmatrix}$	0.339465
50 次	$\begin{bmatrix} 1 \\ 0 \end{bmatrix}$	$\begin{bmatrix} 0.986576 \\ 0.252771 \end{bmatrix}$	0.152449
100 次	$\begin{bmatrix} 1 \\ 0 \end{bmatrix}$	$\begin{bmatrix} 0.993869 \\ 0.126748 \end{bmatrix}$	0.070841

綜合上述，神經網路的運作步驟如下：

step01 神經網路建立多層的神經網路。

step02 初始化每一層神經網路的參數 W 與 W0 為隨機值或固定值，輸入一筆或多筆資料使用前向傳播算法（forward propagation）進行預估。

step03 使用損失函式找出預估結果與真正結果的差異，神經網路以最小化損失函式來提高預估準確性。

step04 接著使用反向傳播算法（back propagation）更新每一層的參數 W 與 W0，並設定適當的學習率，如果學習率設定過大，則參數 W 與 W0 改變越大，則預測結果改變越大，容易造成無法收斂到最佳解；如果學習率設定過小，則收斂速度很慢，且可能找到局部的最佳解。

step05　重複 step02 到 step04，使用前向傳播算法與新的參數 W 與 W0 進行預估，使用損失函式計算預估結果與真正結果的差異，接著使用反向傳播算法更新每一層參數 W 與 W0。

step06　為了最小化損失函式，不斷重複 step05，直到獲得最小的損失值。

10-4　使用 keras 實作神經網路

神經網路由多層組成，分成輸入層、隱藏層、輸出層。每一層可以使用全連接層（在 keras 使用 Dense 表示全連接層），上層的每個神經元輸出都與下層的每個神經元的輸入連接起來，稱作全連接層，每一層指定激勵函式。

1. 輸入層：用於輸入資料，每次輸入一筆資料，一筆資料可以由多個數值組成，例如：$(X_1, X_2, .., X_m)$，輸入層輸入個數，等於輸入資料的組成個數。

2. 輸出層：用於神經網路輸出結果。根據輸出的需要，選擇適當的激勵函式，激勵函式會影響輸出結果，輸出層神經元個數等於每筆輸入資料對應的輸出個數。

3. 隱藏層：隱藏層在輸入層與輸出層之間，每個隱藏層由多個神經元組成，隱藏層連結上一層與下一層的神經元，經由隱藏層每層多個神經元，可以預測複雜的問題。隱藏層層數可以一層到多層，通常使用一層到兩層的隱藏層。隱藏層神經元個數過多會過度學習，隱藏層神經元個數過少會學習不夠，需要適當的隱藏層神經元個數，通常小於兩倍的輸入層神經元個數。

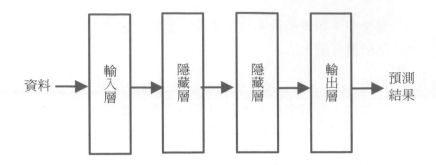

神經網路模型舉例如下：

```
from tensorflow.keras.layers import Dense
from tensorflow.keras.models import Sequential
from tensorflow.keras.optimizers import SGD
model = Sequential()
model.add(Dense(units=4, input_shape=(2,) , activation='relu'))
model.add(Dense(units=1, activation='sigmoid'))
model.compile(loss='binary_crossentropy', optimizer=SGD(lr=0.01),
metrics=['accuracy'])
print(model.summary())
```

說明如下：

輸入層與隱藏層

```
Dense(units=4, input_shape=(2,), activation='relu')
```

本範例輸入層與隱藏層宣告在同一行，「input_shape=(2,)」表示輸入層每筆資料有兩個欄位，「Dense」表示隱藏層為全連接層，「units=4」表示隱藏層有 4 個神經元所組成，「activation='relu'」表示隱藏層的激勵函式為 relu，示意圖如下：

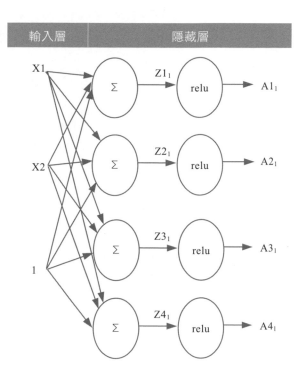

輸出層

```
Dense(units=1, activation='sigmoid')
```

　　「units＝1」表示輸出層有 1 個神經元所組成，「Dense」表示輸出層為全連接層，「activation='sigmoid'」表示輸出層的激勵函式為 sigmoid，激勵函式 sigmoid 將在之後介紹。

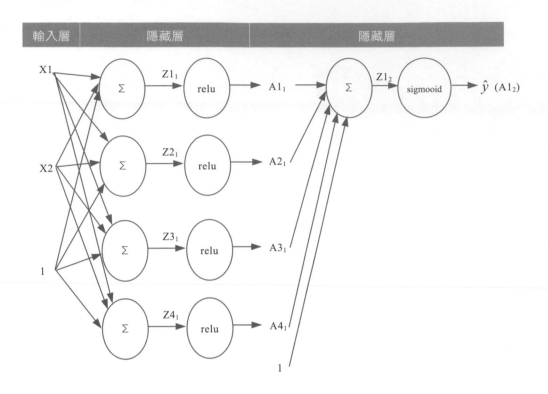

10-4-1 使用 keras 實作邏輯閘 XOR

　　【10-4-1 使用 keras 實作邏輯閘.ipynb】邏輯閘 XOR 為非線性問題，無法使用一條直線將輸出的數值 0 與數值 1 分割開來，如下圖，輸入(0,0)與(1,1)輸出 0，輸入(0,1)與(1,0)輸出 1。

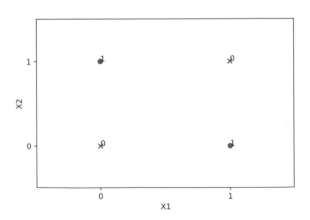

　　需要使用多層的神經網路，經過反覆的學習，才能精確預估結果。
程式撰寫步驟如下：

step**01** **輸入資料與正確輸出**

　　X 表示輸入資料，y 表示正確輸出，如下。

```
X = np.array([[0.,0.],[0.,1.],[1.,0.],[1.,1.]])
y = np.array([0.,1.,1.,0.])
```

step**02** **建立模型**

　　輸入層與隱藏層一起宣告，如下。

```
model.add(Dense(units=4, input_shape=(2,), kernel_initializer='normal', ↵
activation='relu'))
```

(1) 輸入層

　　「input_shape＝(2,)」表示每筆資料輸入 2 個數值，本範例輸入
(0,0)、(0,1)、(1,0)與(1,1)

(2) 隱藏層

　　「Dense」表示全連接層，「units＝4」表示使用 4 個神經元，
「kernel_initializer ＝ 'normal'」表示參數 W 初始化為常態分佈
的數值，「activation ＝ 'relu'」表示使用 relu 為激勵函式。

(3) 輸出層

```
model.add(Dense(units=1, activation='sigmoid'))
```

　　本範例輸出數值 0 或 1，只有一個數值，所以「units＝1」表示
使用 1 個神經元，輸出一個數值，輸出 0 或 1 所以使用 sigmoid
為激勵函式，該函式輸出值介於 0 到 1。

step03 設定損失函式與優化器

```
model.compile(loss='binary_crossentropy', optimizer=SGD(lr=0.01), metrics= ↵
['accuracy'])
```

預測輸出值為 0 或 1，屬於分成兩類，因此損失函式使用 binary_crossentropy，「optimizer＝SGD(lr=0.01)」表示使用 SGD 為優化器，優化器（optimizer）用於調整參數 W，讓損失（Loss）值降低的演算法策略，「lr＝0.01」表示學習率為 0.01，「metrics＝['accuracy']」表示紀錄訓練過程的正確率。

step04 訓練模型

「batch_size＝4」表示每 4 筆資料更新一次神經網路中每層參數。「epochs＝10000」表示反覆訓練所有輸入資料 10000 次，「epochs＝1」表示輸入所有資料 1 次，「epochs＝10000」表示輸入所有資料 10000次。如果本範例的輸入資料有 20 筆資料，則每 4 筆資料更新一次參數，所有輸入資料執行完畢會更新 5（20 除以 4）次參數，加上「epochs＝10000」表示會更新參數總共 50000 次。「verbose＝0」表示螢幕上不顯示任何訊息。

```
history = model.fit(X, y, epochs=10000, batch_size=4, verbose=0)
```

step05 預測模型

使用方法 predict_proba 以 X 為輸入，預測輸出的機率。

```
model.predict_proba(X)
```

上述步驟的完整程式碼如下：

行數	程式碼
1	`import numpy as np`
2	`from tensorflow.keras.layers import Dense`
3	`from tensorflow.keras.models import Sequential`
4	`from tensorflow.keras.optimizers import SGD`
5	`X = np.array([[0.,0.],[0.,1.],[1.,0.],[1.,1.]])`
6	`y = np.array([0.,1.,1.,0.])`
7	`model = Sequential()`
8	`model.add(Dense(units=4, input_shape=(2,), kernel_initializer=` `'normal', activation='relu'))`
9	`model.add(Dense(units=1, activation='sigmoid'))`
10	`model.compile(loss='binary_crossentropy', optimizer=SGD(lr=0.01),` `metrics=['accuracy'])`
11	`print(model.summary())`
12	`history = model.fit(X, y, epochs=10000, batch_size=4, verbose=0)`
13	`print(model.predict_proba(X))`

◆ 執行結果

Model: "sequential_49"

Layer (type)	Output Shape	Param #
===
dense_122 (Dense)	(None, 4)	12
----
dense_123 (Dense)	(None, 1)	5
===

Total params: 17

Trainable params: 17

Non-trainable params: 0

```
[[2.6073456e-03]
 [9.9886328e-01]
 [9.9883282e-01]
 [9.8130107e-04]]
```

step06 儲存模型與載入模型

行數	程式碼
1	from tensorflow.keras.models import load_model
2	import numpy as np
3	model.save('xor_model.ann')
4	model = load_model('xor_model.ann')
5	X = np.array([[0.,0.], [0.,1.], [1.,0.], [1.,1.]])
6	yhat = model.predict(X)
7	print(yhat)

🔹 程式說明

✦ 第 1 到 2 行：匯入函式庫。

✦ 第 3 到 4 行：使用函式 save 儲存模型的參數，使用函式 load_model 載入模型。

✦ 第 5 到 7 行：輸入資料 X 進入模型，使用模型進行預估，獲得 yhat，並顯示在螢幕上。

🔹 執行結果

因為載入儲存的模型，所以執行結果與前一步驟模型輸出結果相同。

```
[[2.6073456e-03]
 [9.9886328e-01]
 [9.9883282e-01]
 [9.8130107e-04]]
```

step07 繪製模型的正確率圖與損失圖

本範例訓練模型的程式如下：

```
model.compile(loss='binary_crossentropy', optimizer=SGD(lr=0.01), metrics= ↵
['accuracy'])
history = model.fit(X, y, epochs=10000, batch_size=4, verbose=0)
```

　　上面兩行程式的「metrics＝['accuracy']」表示紀錄訓練過程的正確率，「history ＝ model.fit(...)」表示訓練過程記錄在 history。使用「history.history['accuracy']」讀取模型訓練過程的正確率，接著使用「plt.plot(history.history['accuracy'])」繪製正確率圖。預設會記錄模型的損失率，使用「history.history['loss']」讀取模型訓練過程的損失率，接著使用「plt.plot(history.history['loss'])」繪製損失率圖

行數	程式碼
1	`import matplotlib.pyplot as plt`
2	`plt.rcParams['font.sans-serif'] = ['Microsoft YaHei']`
3	`plt.plot(history.history['accuracy'])`
4	`plt.title('模型正確率')`
5	`plt.ylabel('正確率')`
6	`plt.xlabel('Epoch')`
7	`plt.show()`
8	`plt.plot(history.history['loss'])`
9	`plt.title('模型損失')`
10	`plt.ylabel('損失')`
11	`plt.xlabel('Epoch')`
12	`plt.show()`

🔷 程式說明

✦ 第 1 行：匯入函式庫 matplotlib.pyplot。

✦ 第 2 行：設定繪圖所需中文字型。

✦ 第 3 行：繪製正確率的圖形。

✦ 第 4 行：設定圖片標題為「模型正確率」。

✦ 第 5 行：設定 Y 軸標籤為「正確率」。

✦ 第 6 行：設定 X 軸標籤為「Epoch」。

✦ 第 7 行：顯示繪圖結果到螢幕上。

✦ 第 8 行：繪製損失值的圖形。

✦ 第 9 行：設定圖片標題為「模型損失」。

- ✦ 第 10 行：設定 Y 軸標籤為「損失」。
- ✦ 第 11 行：設定 X 軸標籤為「Epoch」。
- ✦ 第 12 行：顯示繪圖結果到螢幕上。

🔷 執行結果

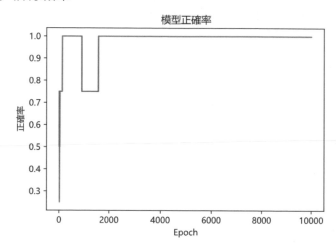

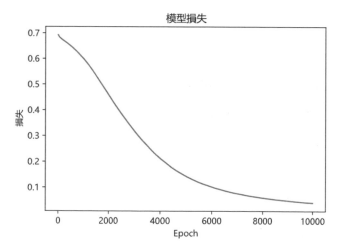

10-5 激勵函式

　　激勵函式（activation function）大部分屬於非線性函式，以下介紹常用的激勵函式。

(1) Step 函式：輸入值 Z 小於 0，輸出 0，否則輸出 1。

$$\text{step}(Z) = \begin{cases} 0 & if \ Z < 0 \\ 1 & if \ Z \geq 0 \end{cases}$$

Step 函式圖形如下。

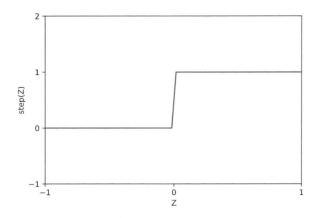

(2) ReLU 函式：輸入值 Z 小於 0，輸出 0，否則輸出 Z。在輸入層或隱藏層神經網路常使用 ReLU 當成激勵函式忽略負值，防止神經網路過度學習。

$$\text{ReLU}(Z) = \begin{cases} 0 & if \ Z < 0 \\ Z & if \ Z \geq 0 \end{cases}$$

ReLU 函式圖形如下：

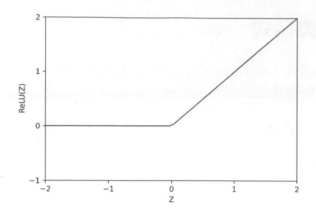

Keras 語法如下：

```
model.add(layers.Dense(… , activation='relu', …))
```

(3) hyperbolic tangent 函式：讓負值有作用，輸出值介於-1 與 1 之間，
用於輸入層或隱藏層。

$$\tanh(Z) = \frac{e^z - e^{-z}}{e^z + e^{-z}}$$

hyperbolic tangent 函式圖形如下：

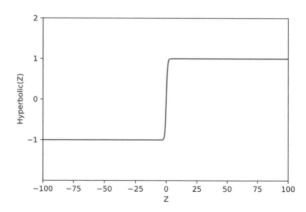

Keras 語法如下：

```
model.add(layers.Dense(… , activation='tanh', …))
```

(4) sigmoid 函式：輸出值介於 0 與 1 之間，用於輸出層，適合二分問題。
若 Z 大於 0，輸出值大於 0.5，屬於一類；若 Z 小於 0，輸出值小於
0.5，屬於另一類。

$$sigmoid(Z) = \frac{1}{1 + e^{-z}}$$

sigmoid 函式圖形如下：

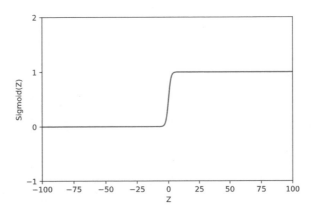

Keras 語法如下：

```
model.add(layers.Dense(… , activation='sigmoid', …))
```

(5) softmax 函式：輸出值的加總為 1，用於輸出層，適合多分類問題，
輸出結果表示每個分類的機率。

$$softmax(Z) = \begin{bmatrix} e^{z1} / \sum_i e^{zi} \\ e^{z2} / \sum_i e^{zi} \\ \cdots \\ e^{zn} / \sum_i e^{zi} \end{bmatrix}$$

Keras 語法如下：

```
model.add(layers.Dense(… , activation='softmax', …))
```

10-6 Loss 函式

想判斷神經網路並獲得正確的預測結果，可以使用 Loss 函式比較預測結果與真正結果的差異，Loss 函式所獲得數值越大，表示預測結果越不正確，此時需不斷更新權重 W 降低 Loss 函式的值。Loss 函式用於判定神經網路是否獲得正確的預測結果，以下介紹常用的 Loss 函式。

(1) **Mean Square Error（MSE，均方差）**：預估值($\hat{y}_i$)與正確值(y_i)差平方和的平均值。

$$MSE = \frac{\sum_{i=1}^{n}(yi - \hat{y}i)^2}{n}$$

假設使用地點、坪數、所在樓層與屋齡預估房價，所預估房價為 $\hat{y}_i$ 與實際房價為 y_i，如下表。

	實際房價 y	預估房價 $\hat{y}$
第 1 間房屋	1900	2000
第 2 間房屋	1000	800
第 3 間房屋	2500	2200

MSE＝((1900-2000)^2＋(1000-800)^2＋(2500-2200)^2)/3＝46666.67

當此數值越大，表示真實房價與預估房價差異越大，神經網路的目標為降低此數值，表示神經網路可以更準確地預估房價。

Keras 語法如下：

```
model.compile(loss='mse', …)
```

範例如下：

```
from tensorflow.keras.layers import Dense
from tensorflow.keras.models import Sequential
```

```
from tensorflow.keras.optimizers import SGD
model = Sequential()
model.add(Dense(units=4, input_shape=(2,), activation='relu'))
model.add(Dense(units=1, activation='sigmoid'))
model.compile(loss='mse', optimizer=SGD(lr=0.05))
```

(2) **Cross Entropy**（交叉熵）：用於兩個以上的分類問題。Cross Entropy 公式如下，$y_{i,j}$ 為真實類別，屬於該類別為 1，不屬於該類別為 0，輸入資料只屬於一個類別，只有一個為 1，其餘為 0。$\hat{y}_{i,j}$ 為預估類別的機率。

$$\text{Cross Entropy} = \sum_{i=1}^{n}\sum_{j=1}^{n} -y_{i,j} * \log(\hat{y}_{i,j})$$

只有資料的真實類別 $y_{i,j}$ 為 1，且預估機率 $\hat{y}_{i,j}$ 遠小於 1 時，取 log 會得到較大的負值，再取負號獲得較大正值，其餘 $y_{i,j}$ 為 0，0 乘以任何數字都是 0，對應的預估類別機率值不納入 Cross Entropy 的計算。當 Cross Entropy 的值越低，表示當真實類別 $y_{i,j}$ 為 1，對應的預估類別機率值越接近 1，其餘 $y_{i,j}$ 為 0，0 乘以任何數字都是 0，對應的預估類別機率值不納入 Cross Entropy 的計算。

假設一個圖片辨識的神經網路，輸入一張兔子的照片，第一次辨識結果機率如下表，其 Cross Entropy 等於 1.204。

	真實類別機率 $y_{i,j}$	預估類別機率 $\hat{y}_{i,j}$
老虎	0	0.2
貓	0	0.1
狗	0	0.3
兔子	1	0.3
大象	0	0.1

Cross Entropy = -(0*log(0.2)+ 0*log(0.1) +0*log(0.3) + 1*log(0.3) + 0*log(0.1))

= - log(0.3) = 1.204

第二次辨識結果機率如下表，其 Cross Entropy 等於 0.5108。

	真實類別機率 $y_{i,j}$	預估類別機率 $\hat{y}_{i,j}$
老虎	0	0.1
貓	0	0.2
狗	0	0.05
兔子	1	0.6
大象	0	0.05

Cross Entropy = -(0*log(0.1)+ 0*log(0.2) +0*log(0.05) + 1*log(0.6) + 0*log(0.05))

= - log(0.6) = 0.5108

第二次辨識結果兔子的機率高於第一次(0.6>0.3)，表示更精準地預估為兔子，所獲得的 Cross Entropy 較低，使用 Cross Entropy 為神經網路的損失函式，不斷重複學習直到 Cross Entropy 達到最小值，神經網路就可以更精準地預測答案。

Keras 語法如下：

■ 二分類的交叉熵

```
model.compile(loss=' binary_crossentropy ', …)
```

■ 多分類的交叉熵

```
model.compile(loss='categorical_crossentropy', …)
```

範例如下：

```
from tensorflow.keras.layers import Dense
from tensorflow.keras.models import Sequential
from tensorflow.keras.optimizers import SGD
model = Sequential()
model.add(Dense(units=4, input_shape=(2,) , activation='relu'))
model.add(Dense(units=1, activation='sigmoid'))
model.compile(loss='binary_crossentropy', optimizer=SGD(lr=0.05))
```

10-7 學習率與優化器

　　優化器（Optimizer）可以設定學習率（Learning Rate），如果學習率設定過大，參數 W 與 W0 改變越大，則預測結果改變越大，容易造成無法收斂到最佳解；如果學習率設定過小，則收斂速度很慢，且可能只找到局部最佳解。優化器配合適當的學習率，有助於神經網路的學習。優化器用於調整參數（W 與 W0），讓損失（Loss）值降低的演算法策略。常見的優化器有 SGD 與 ADAM。

(1) Stochastic Gradient Descent（SGD，隨機梯度下降法）

　　公式如下，W 表示參數，η 表示學習率，L 表示機器學習所使用的 Loss 函式，$\dfrac{\partial L}{\partial W}$ 表示損失函式 L 對參數 W 進行偏微分產生斜率（梯度），再乘以學習率，得到每個參數的位移量，上一次的 W 減去 $\eta * \dfrac{\partial L}{\partial W}$ 就可以獲得新的 W。

$$W = W - \eta * \frac{\partial L}{\partial W}$$

　　SGD（隨機梯度下降法）每次執行一個**批次（batch）**的資料量，算出此批次資料的梯度平均值，利用此梯度平均值更新參數 W。每批次的資料是從所有資料中隨機挑選的，所以稱作隨機梯度下降法。

　　Keras 語法如下：

```
model.compile(optimizer=SGD(lr=0.05) , …)
```

　　範例如下：

```
from tensorflow.keras.layers import Dense
from tensorflow.keras.models import Sequential
from tensorflow.keras.optimizers import SGD
```

```
model = Sequential()
model.add(Dense(units=4, input_shape=(2,), activation='relu'))
model.add(Dense(units=1, activation='sigmoid'))
model.compile(loss='binary_crossentropy', optimizer=SGD(lr=0.05))
```

(2) ADAM

ADAM 結合 Adagrad、RMSprop 及 Momentum 等優化器的優點，是目前最常用的優化器，適用於各種狀況，可以動態決定學習率。

Keras 語法如下：

```
model.compile(optimizer='adam', …)
```

範例如下：

```
from tensorflow.keras.layers import Dense
from tensorflow.keras.models import Sequential
model = Sequential()
model.add(Dense(units=4, input_shape=(2,), activation='relu'))
model.add(Dense(units=1, activation='sigmoid'))
model.compile(loss='binary_crossentropy', optimizer='adam')
```

10-8 使用手寫數字辨識為範例

【10-8 使用神經網路進行手寫數字辨識.ipynb】本範例使用手寫阿拉伯數字資料集（mnist），每個手寫數字由長寬各 28 個像素組成，將這些手寫數字分成數字 0 到數字 9 共 10 類。

本範例程式分為「資料處理」與「建立、訓練與評估模型」兩部分，分別敘述如下。

(一) 資料處理

step01　載入訓練集與測試集資料

```
(train_X, train_y), (test_X, test_y) = mnist.load_data()
```

step02　目標值轉換成 One-hot 編碼

　　例如：目標值只有 0 到 9，若目標值為 0，One-hot 編碼就會轉換成 [1, 0, 0, 0, 0, 0, 0, 0, 0, 0]；若目標值為 1，One-hot 編碼就會轉換成[0, 1, 0, 0, 0, 0, 0, 0, 0, 0]；依此類推，若目標值為 9，One-hot 編碼就會轉換成[0, 0, 0, 0, 0, 0, 0, 0, 0, 1]。轉換成 One-hot 編碼是為了輸出時，顯示數字 0 到 9 的機率需要 10 個數值，One-hot 編碼的 1 表示該數字機率為 100%，0 表示該數字機率為 0%，神經網路輸出的預估值表示數字 0 到數字 9 的機率。

```
train_y2 = to_categorical(train_y) #轉換成 One-hot 編碼
test_y2 = to_categorical(test_y)   #轉換成 One-hot 編碼
```

step03　調整資料集大小

　　train_X 的資料集大小為(60000,28,28)，神經網路的輸入層為 784 個輸入，所以將 train_X 轉換成(60000, 784)用於神經網路的輸入，且轉換成浮點數，接著除以 255。test_X 的資料集大小為(10000,28,28)，神經網路的輸入層為 784 個輸入，所以將 test_X 轉換成(10000, 784)用於神經網路的輸入，且轉換成浮點數，接著除以 255。

```
train_X2 = train_X.reshape(60000, 784).astype('float32')
test_X2 = test_X.reshape(10000, 784).astype('float32')
```

step04　將數值 0 到 255 轉換成 0 到 1

```
train_X2 = train_X2/255    #將數值限制在 0 到 1
test_X2 = test_X2/255      #將數值限制在 0 到 1
```

(二) 建立、訓練與評估模型

本範例輸入 mnist 資料集，輸出 10 個類別的其中 1 種，表示數字 0 到數字 9。

step05 建立模型

輸入層與隱藏層一起宣告，如下。

```
model.add(Dense(256, input_shape=(784,), kernel_initializer='normal',
activation='relu'))
```

(1) 輸入層

「input_shape=(784,)」表示每筆資料輸入 784 個數值，表示輸入一張圖片，本範例圖片由寬度 28 像素，高度 28 像素所組成，28 乘以 28 等於 784。

(2) 隱藏層

「Dense」表示輸出層為全連接層，「256」表示隱藏層使用 256 個神經元，「kernel_initializer='normal'」表示參數 W 初始化為常態分佈的數值，「activation='relu'」表示使用 relu 為激勵函式。

(3) 輸出層

```
model.add(Dense(10, kernel_initializer='normal', activation='softmax'))
```

本範例輸出 10 個數值，所以「10」表示使用 10 個神經元，「kernel_initializer='normal'」表示參數 W 初始化為常態分佈的數值，「activation='softmax'」表示使用 softmax 為激勵函式，該函式輸出值相加等於 1，適合表示每個類別的機率。

設定損失函式與優化器，如下。

```
model.compile(loss='categorical_crossentropy', optimizer='adam',
metrics=['accuracy'])
```

　　預測輸出值由 10 個元素組成，屬於分成多類別，因此損失函式使用
categorical_crossentropy。「optimizer='adam'」表示使用 adam 為優
化器，優化器(optimizer)用於調整參數 W，讓損失值降低的演算法策略。
「metrics=['accuracy']」表示紀錄訓練過程的正確率。

step06 訓練模型

　　「x=train_X2, y=train_y2」表示 train_X2 為輸入資料，train_y2 為
目標值。「validation_split=0.2」表示設定驗證資料的比率為 0.2，表示
訓練資料的 80%拿來訓練模型。「batch_size=1000」表示每 1000 筆資
料更新一次神經網路中每層參數，「epochs=10」表示反覆訓練所有輸
入資料 10 次。「verbose=2」表示螢幕顯示訓練過程的詳細訊息。

```
history = model.fit(x=train_X2, y=train_y2, validation_split=0.2, epochs=10,
batch_size=1000, verbose=2)
```

step07 輸入測試資料到模型進行預測

　　輸入測試資料集 test_X2 到模型，比較預估結果與目標結果 test_y2
的差異來評估模型。

```
score = model.evaluate(test_X2, test_y2)
```

　　本範例完整程式如下：

行數	程式碼
1	`import numpy as np`
2	`from tensorflow.keras.models import Sequential`
3	`from tensorflow.keras.datasets import mnist`
4	`from tensorflow.keras.layers import Dense, Dropout, Activation, Flatten`

行數	程式碼
5	`from tensorflow.keras.utils import to_categorical`
6	`from matplotlib import pyplot as plt`
7	`#輸入資料`
8	`(train_X, train_y), (test_X, test_y) = mnist.load_data()`
9	`train_y2 = to_categorical(train_y)` #轉換成 One-hot 編碼
10	`test_y2 = to_categorical(test_y)` #轉換成 One-hot 編碼
11	`train_X2 = train_X.reshape(60000, 784).astype('float32')`
12	`test_X2 = test_X.reshape(10000, 784).astype('float32')`
13	`train_X2 = train_X2/255` #將數值限制在 0 到 1
14	`test_X2 = test_X2/255` #將數值限制在 0 到 1
15	`#建立模型`
16	`model = Sequential()`
17	`model.add(Dense(256, input_shape=(784,), kernel_initializer='normal', activation='relu'))`
18	`model.add(Dense(10, kernel_initializer='normal', activation='softmax'))`
19	`model.compile(loss='categorical_crossentropy', optimizer='adam', metrics=['accuracy'])`
20	`print(model.summary())`
21	`#訓練模型`
22	`history = model.fit(x=train_X2, y=train_y2, validation_split=0.2, epochs=10, batch_size=1000, verbose=2)`
23	`#評估模型`
24	`score = model.evaluate(test_X2, test_y2)`
25	`print(score)`
26	`print("正確率為",score[1]*100,'%')`

🔹 執行結果

執行結果如下頁所示，可以觀察到訓練過程中正確率不斷提高，損失不斷降低，但在第 6 次訓練後（Epoch = 6）後，其實正確率差異不大了。

```
Model: "sequential_1"

_____
Layer (type)                 Output Shape              Param #
=================================================================
dense_2 (Dense)              (None, 256)               200960

_____
dense_3 (Dense)              (None, 10)                2570
=================================================================
Total params: 203,530
Trainable params: 203,530
Non-trainable params: 0
None
Epoch 1/10
48/48 - 0s - loss: 0.8793 - accuracy: 0.7918 - val_loss: 0.3477 - val_accuracy: 0.9027
Epoch 2/10
48/48 - 0s - loss: 0.3147 - accuracy: 0.9121 - val_loss: 0.2566 - val_accuracy: 0.9302
Epoch 3/10
48/48 - 0s - loss: 0.2468 - accuracy: 0.9314 - val_loss: 0.2188 - val_accuracy: 0.9397
Epoch 4/10
48/48 - 0s - loss: 0.2052 - accuracy: 0.9429 - val_loss: 0.1870 - val_accuracy: 0.9498
Epoch 5/10
48/48 - 0s - loss: 0.1745 - accuracy: 0.9506 - val_loss: 0.1675 - val_accuracy: 0.9533
Epoch 6/10
48/48 - 0s - loss: 0.1526 - accuracy: 0.9574 - val_loss: 0.1516 - val_accuracy: 0.9591
Epoch 7/10
48/48 - 0s - loss: 0.1350 - accuracy: 0.9622 - val_loss: 0.1389 - val_accuracy: 0.9622
Epoch 8/10
48/48 - 0s - loss: 0.1200 - accuracy: 0.9665 - val_loss: 0.1320 - val_accuracy: 0.9625
Epoch 9/10
48/48 - 0s - loss: 0.1086 - accuracy: 0.9697 - val_loss: 0.1233 - val_accuracy: 0.9660
Epoch 10/10
48/48 - 0s - loss: 0.0982 - accuracy: 0.9728 - val_loss: 0.1152 - val_accuracy: 0.9675
313/313 [==============================] - 0s 1ms/Step - loss: 0.1117 - accuracy:
0.9660
[0.11170680820941925, 0.9660000205039978]
正確率為 96.60000205039978 %
```

延伸應用

繪製訓練模型的正確率圖與損失圖

使用手寫數字辨識範例訓練過程中產生的正確率與損失值，繪製正確率圖與損失圖。

行數	程式碼
1	`import matplotlib.pyplot as plt`
2	`plt.rcParams['font.sans-serif'] = ['Microsoft YaHei']`
3	`plt.plot(history.history['accuracy'])`
4	`plt.plot(history.history['val_accuracy'])`
5	`plt.title('模型正確率')`
6	`plt.ylabel('正確率')`
7	`plt.xlabel('Epoch')`
8	`plt.legend(['Train', 'Test'], loc='upper left')`
9	`plt.show()`
10	`plt.plot(history.history['loss'])`
11	`plt.plot(history.history['val_loss'])`
12	`plt.title('模型損失')`
13	`plt.ylabel('損失')`
14	`plt.xlabel('Epoch')`
15	`plt.legend(['Train', 'Test'], loc='upper left')`
16	`plt.show()`

程式說明

✦ 第1行：匯入函式庫。

✦ 第2行：設定繪圖所需中文字型。

✦ 第3行：繪製訓練集的正確率。

✦ 第4行：繪製測試集的正確率。

✦ 第5行：設定圖片標題為「模型正確率」。

✦ 第6行：設定 Y 軸標籤為「正確率」。

✦ 第7行：設定 X 軸標籤為「Epoch」。

✦ 第8行：設定圖說在左上方，標示為「Train」與「Test」。

- ✦ 第 9 行：顯示繪圖結果到螢幕上。

- ✦ 第 10 行：繪製訓練集的損失值。

- ✦ 第 11 行：繪製測試集的損失值。

- ✦ 第 12 行：設定圖片標題為「模型損失」。

- ✦ 第 13 行：設定 Y 軸標籤為「損失」。

- ✦ 第 14 行：設定 X 軸標籤為「Epoch」。

- ✦ 第 15 行：設定圖說在左上方，標示為「Train」與「Test」。

- ✦ 第 16 行：顯示繪圖結果到螢幕上。

🍱 執行結果

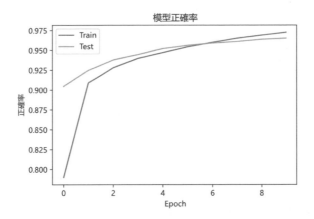

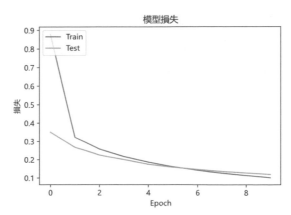

機器學習的重要概念

過適與乏適

機器學習模型對於訓練資料有很好的預測結果，但對於測試資料預測結果不佳，稱作 Overfitting（**過適或擬合過度**），表示模型過度適應訓練資料，無法在測試資料獲得好的預測結果，無法適用於所有（一般）資料。本範例的正確率圖如下圖，在 Epoch 等於 6 以後，發現訓練資料正確率提升，而測試資料正確率並未明顯提升，就有一點過適現象，但本範例其實不明顯。

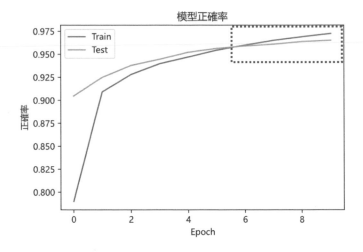

下圖為典型的過適，訓練資料的正確率到達 90%以上，而測試資料正確率仍在 80%以下，表示機器學習已經完全適應訓練資料，但輸入非訓練資料時無法正確預估，此時就要降低神經元個數，隨機丟棄（Dropout）某些參數來降低學習效果，或使用其他機器學習模型等改善過適問題。

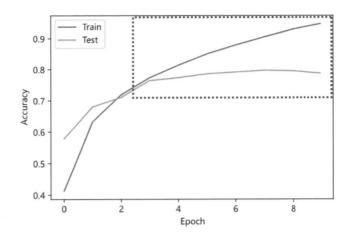

　　為了防止過適，可以新增 Dropout 功能，隨機讓某些神經元沒有作用來減少學習，範例程式如下，其中「Dropout(0.2)」表示有 20%的神經元沒有作用。

```
model = Sequential()
model.add(Dense(256, input_shape=(784,), kernel_initializer='normal', ↵
activation='relu'))
model.add(Dropout(0.2))
model.add(Dense(10, kernel_initializer='normal', activation='softmax'))
model.compile(loss='categorical_crossentropy', optimizer='adam', ↵
metrics=['accuracy'])
```

　　機器學習模型對於訓練資料與測試資料預測結果都不好，稱作 **Underfitting（乏適或擬合不足）**，表示模型訓練不足。下圖為典型的乏適，不管訓練資料與測試資料輸入，模型正確率都未達 80%，此時需要增加每層的神經元個數、增加神經網路層數，或使用其他機器學習模型⋯等來改善乏適問題。

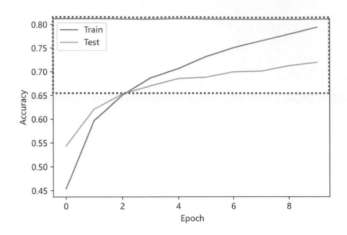

延伸應用

儲存、載入與預測模型

儲存數字辨識範例程式所建立的模型參數，載入儲存的模型參數到新的模型，利用此新模型進行預測。

行數	程式碼
1	`from tensorflow.keras.models import load_model`
2	`import numpy as np`
3	`import matplotlib.pyplot as plt`
4	`plt.rcParams['font.sans-serif'] = ['Microsoft YaHei']`
5	`model.save('minst_model.ann')`
6	`model = load_model('minst_model.ann')`
7	
8	`def draw_digit(digits, y, pred_y, index): #一行 5 個`
9	`    for i in range(5):`
10	`        fig=plt.gcf()`
11	`        fig.set_size_inches(12,1)`
12	`        ax=plt.subplot(1,5,i+1)`
13	`        ax.imshow(np.reshape(digits[index+i],(28,28,1)), cmap='binary')`
14	`        title="原始為" +str(y[index+i])`
15	`        title+="預估為"+str(pred_y[index+i])`
16	`        ax.set_title(title,fontsize=10)`
17	`        ax.set_xticks([])`
18	`        ax.set_yticks([])`
19	`    plt.show()`

行數	程式碼
20	
21	`pred_y = model.predict(test_X2)`
22	`pred_y = np.argmax(pred_y, axis=1)`
23	`for i in range(0,20,5):`
24	`    draw_digit(test_X, test_y, pred_y, i)`

◆ 程式說明

✦ 第 1 到 3 行：匯入所需函式庫。

✦ 第 4 行：設定繪圖所需中文字型。

✦ 第 5 行：使用 save 儲存模型參數到 minst_model.ann。

✦ 第 6 行：使用 load_model 載入模型 minst_model.ann。

✦ 第 8 到 19 行：自訂函式 draw_digit 顯示從 index 開始的 5 個手寫數字，digits 為手寫資料集，y 為目標值，pred_y 為預測值。

✦ 第 9 到 19 行：使用 for 迴圈，迴圈變數 i 由 0 到 4 每次遞增 1，使用函式 gcf 新增繪圖區域（第 10 行），設定 fig 的大小為寬 12 吋高 1 吋（第 11 行），將分割為五個區域（第 12 行），將陣列 digits 第 index 個的手寫數字，使用 imshow 顯示手寫數字到螢幕上（第 13 行）。設定圖片標題為「原始為」與目標值（第 14 行），圖片標題串接「預估為」與預估值（第 15 行），設定標題字型為 10（第 16 行）。清空 X 軸刻度（第 17 行），清空 Y 軸刻度（第 18 行），使用函式 show 顯示五張手寫數字（第 19 行）。

✦ 第 21 行：使用函式 predict 以 test_X2 為輸入，接著輸出結果到 pred_y。

✦ 第 22 行：使用函式 argmax 以 pred_y 為輸入，將 one-hot 編碼還原到數值 0 到 9。

✦ 第 23 到 24 行：使用 for 迴圈，其迴圈變數 i 由 0 到 19 每次遞增 5，使用函式 draw_digit 顯示前 20 個數字，一列五個手寫數字。

執行結果

原始為7預估為7

原始為2預估為2

原始為1預估為1

原始為0預估為0

原始為4預估為4

原始為1預估為1

原始為4預估為4

原始為9預估為9

原始為5預估為6

原始為9預估為9

原始為0預估為0

原始為6預估為6

原始為9預估為9

原始為0預估為0

原始為1預估為1

原始為5預估為5

原始為9預估為9

原始為7預估為7

原始為3預估為3

原始為4預估為4

延伸應用

找出混淆矩陣

建立目標值與預測值的混淆矩陣。

行數	程式碼
1	from sklearn.metrics import confusion_matrix
2	pred_y = model.predict_classes(test_X2)
3	cm = confusion_matrix(test_y, pred_y)
4	print(cm)

程式說明

+ 第 1 行：匯入函式庫。

+ 第 2 行：使用函式 predict_classes 輸入 test_X2，輸出 pred_y。

+ 第 3 行：比較 test_y 與 pred_y 建立混淆矩陣 cm。

+ 第 4 行：顯示混淆矩陣 cm 到螢幕。

◆ 執行結果

```
[[ 970    0    1    1    1    2    3    1    1    0]
 [   0 1128    3    0    0    1    1    0    2    0]
 [   6    3  996    2    4    0    5    7    8    1]
 [   0    1    7  980    0    5    1    6    4    6]
 [   1    0    5    0  948    0    5    4    2   17]
 [   8    2    0   13    3  841   10    2    8    5]
 [   7    3    1    1    7    5  931    0    3    0]
 [   0   11   11    3    0    1    0  986    0   16]
 [   5    3    6   11    4    3    6    8  923    5]
 [   7    6    1   10   11    2    1    8    1  962]]
```

延伸應用

只顯示辨識錯誤的圖片

只顯示測試集經由模型產生的預測值與目標值不同的手寫數字。

行數	程式碼
1	`import numpy as np`
2	`import matplotlib.pyplot as plt`
3	`plt.rcParams['font.sans-serif'] = ['Microsoft YaHei']`
4	
5	`def draw_digit(digits, y, pred_y, index):`
6	`    fig=plt.gcf()`
7	`    fig.set_size_inches(1,1)`
8	`    ax=plt.subplot(1,1,1)`
9	`    ax.imshow(np.reshape(digits[index],(28,28,1)), cmap='binary')`
10	`    title="原始為" +str(y[index])`
11	`    title+="預估為"+str(pred_y[index])`
12	`    ax.set_title(title,fontsize=10)`
13	`    ax.set_xticks([])`
14	`    ax.set_yticks([])`
15	`    plt.show()`
16	
17	`diff = (test_y != pred_y)`
18	`print("辨識錯誤個數", diff.sum())`

行數	程式碼
19	`diff_idx = [idx for idx in range(len(diff))  if diff[idx] == True]`
20	`print(diff_idx)`
21	`for i in range(10):`
22	`    draw_digit(test_X, test_y, pred_y, diff_idx[i])`

🧊 程式說明

+ 第 1 到 2 行：匯入所需函式庫。

+ 第 3 行：設定繪圖所需中文字型。

+ 第 5 到 15 行：自訂函式 draw_digit 顯示索引值為 index 的手寫數字，digits 為手寫資料集，y 為目標值，pred_y 為預測值。使用函式 gcf 新增繪圖區域（第 6 行），設定 fig 的大小為寬 1 吋高 1 吋（第 7 行），分割為只有一個區域（第 8 行），使用 imshow 顯示陣列 digits 第 index 個手寫數字到螢幕上（第 9 行）。設定圖片標題為「原始為」與目標值（第 10 行），圖片標題串接「預估為」與預估值（第 11 行），設定標題字型為 10（第 12 行）。清空 X 軸刻度（第 13 行），清空 Y 軸刻度（第 14 行），使用函式 show 顯示手寫數字到螢幕上（第 15 行）。

+ 第 17 行：比較 test_y 與 pred_y 的不同之處，產生布林陣列到陣列 diff，1 表示兩數字不同，0 表示兩數字相同。

+ 第 18 行：顯示「辨識錯誤個數」，加總陣列 diff 的數值。

+ 第 19 行：找出陣列 diff 元素為 True 的索引值到陣列 diff_idx。

+ 第 20 行：印出陣列 diff_idx。

+ 第 21 到 22 行：使用 for 迴圈取出陣列 diff_idx 前 10 個元素為索引值，使用函式 draw_digit 顯示該索引值的手寫數字圖片到螢幕上。

執行結果

辨識錯誤個數 340。

```
[8, 217, 241, 247, 259, 320, 321, 340, 381, 445, 448, 478,
551, 565, 582, 583, 591, 619, 628, 659, 684, 691, 707, 717,
720, 740, 810, 844, 882, 890, 947, 950, 951, 956, 965, 1014,
1032, 1039, 1044, 1107, 1112, 1114, 1181, 1182, 1191, 1194,
1226, 1232, 1242, 1247, 1260, 1283, 1289, 1319, 1325, 1326,
1364, 1378, 1393, 1494, 1500, 1522, 1527, 1530, 1549, 1553,
1587, 1609, 1621, 1626, 1681, 1709, 1717, 1751, 1754, 1773,
1790, 1800, 1828, 1850, 1868, 1878, 1883, 1901, 1938, 1940,
1941, 1952, 1984, 2004, 2016, 2024, 2043, 2044, 2052, 2053,
2070, 2093, 2098, 2109, 2118, 2129, 2130, 2135, 2174, 2182,
2186, 2189, 2215, 2224, 2266, 2272, 2293, 2299, 2325, 2369,
2387, 2395, 2406, 2414, 2422, 2433, 2454, 2488, 2514, 2560,
2607, 2648, 2654, 2771, 2863, 2877, 2896, 2927, 2939, 2945,
2953, 2979, 2995, 3005, 3060, 3073, 3117, 3130, 3206, 3240,
3284, 3333, 3490, 3503, 3520, 3549, 3550, 3558, 3567, 3597,
3674, 3718, 3751, 3757, 3764, 3767, 3780, 3796, 3808, 3811,
3818, 3838, 3848, 3853, 3869, 3893, 3902, 3906, 3926, 3941,
3943, 3946, 3985, 4000, 4063, 4065, 4075, 4078, 4093, 4140,
4152, 4154, 4163, 4176, 4199, 4211, 4224, 4248, 4271, 4289,
4294, 4306, 4355, 4369, 4433, 4435, 4477, 4497, 4500, 4534,
4536, 4548, 4571, 4575, 4578, 4601, 4751, 4761, 4785, 4807,
4814, 4823, 4880, 4886, 4950, 4952, 4956, 4966, 4990, 5078,
5140, 5331, 5457, 5495, 5600, 5634, 5642, 5734, 5749, 5835,
5842, 5887, 5888, 5926, 5936, 5937, 5955, 5972, 5973, 6045,
6046, 6059, 6065, 6071, 6091, 6093, 6166, 6168, 6172, 6173,
6390, 6400, 6421, 6426, 6505, 6532, 6555, 6560, 6568, 6571,
6574, 6597, 6598, 6603, 6605, 6632, 6651, 6744, 6755, 6783,
6817, 6847, 7049, 7432, 7434, 7459, 7800, 7812, 7821, 7899,
7915, 7921, 7928, 8020, 8059, 8062, 8091, 8094, 8183, 8246,
8272, 8277, 8311, 8325, 8339, 8362, 8406, 8520, 8522, 8863,
9009, 9015, 9016, 9019, 9022, 9024, 9071, 9280, 9587, 9624,
9634, 9642, 9662, 9679, 9692, 9698, 9700, 9716, 9729, 9745,
9749, 9768, 9770, 9779, 9808, 9811, 9839, 9858, 9888, 9905,
9944, 9975, 9980, 9982]
```

執行結果會顯示前 10 個數字，因為版面關係只顯示前 3 個數字。

原始為5預估為6

原始為8預估為7

原始為4預估為2

10-9 習題

一. 問答題

1. 請說明神經網路的神經元運作原理。

2. 請舉例線性可分割與非線性可分割問題。

3. 請說明神經網路運作原理。

4. 請說明激勵函式的用途,並舉例三個激勵函式。

5. 請說明損失函式的用途,並舉例一個損失函式。

6. 請說明學習率與優化器的用途,並舉例一個優化器。

二. 實作題

使用神經網路找出糖尿病病患

從以下網址下載資料檔 pima-indians-diabetes.csv。

```
https://www.kaggle.com/kumargh/pimaindiansdiabetescsv
```

資料集前五列的部分資料如下：

```
   Pregnancies  Glucose  BloodPressure  SkinThickness  Insulin   BMI  \
0            6      148             72             35        0  33.6
1            1       85             66             29        0  26.6
2            8      183             64              0        0  23.3
3            1       89             66             23       94  28.1
4            0      137             40             35      168  43.1

   DiabetesPedigreeFunction  Age  Class
0                     0.627   50      1
1                     0.351   31      0
2                     0.672   32      1
3                     0.167   21      0
4                     2.288   33      1
```

建立一個神經網路預估是否有糖尿病，撰寫程式完成以下功能。

1. 匯入資料檔 pima-indians-diabetes.csv 到一個 DataFrame。

2. 檢查是否有空值、資料筆數、欄位名稱、第一筆資料內容、第一筆資料的目標值。

3. 產生訓練資料集與測試資料集

　(1) 使用欄位「Class」為相依變數（目標值）到變數 y，其餘欄位為獨立變數 X。

　(2) 使用以下程式，讓獨立變數 X 的數值等比例縮放到 0 與 1 之間。

```
max_X = X.max(axis=0)
min_X = X.min(axis=0)
X = (X - min_X) / (max_X - min_X)
```

(3) 隨機挑選輸入資料的 80% 為訓練資料集,與剩餘 20% 為測試資料集。

4. 建立模型與訓練模型

請使用 Sequential 建立神經網路,並輸入訓練資料進行訓練,模型摘要如下,可以自行調整模型結構,找出適合的神經網路模型。

```
Model: "sequential"

Layer (type)                    Output Shape              Param #
=================================================================
dense (Dense)                   (None, 32)                288

dense_1 (Dense)                 (None, 32)                1056

dense_2 (Dense)                 (None, 1)                 33
=================================================================
```

5. 評估模型

(1) 儲存模型參數到檔案。

(2) 使用測試資料評估模型的正確率。

(3) 繪製訓練過程中訓練資料與測試資料的正確率圖與損失值圖。

卷積神經網路

卷積神經網路（Convolutional Neural Network，縮寫為 CNN）屬於深度學習，常用於影像辨識，透過卷積（Convolution）將圖片中相鄰點一起運算，適合用於二維的影像資料，已經達成不錯的影像辨識效果。

11-1 卷積神經網路模型運作原理

卷積神經網路使用**前向傳播算法（Forward Propagation）**產生新的預測結果，計算損失值後，使用**反向傳播算法（Backward Propagation）**更新參數，每次更新參數目標為降低損失函式的數值，不斷使用前向傳播算法與反向傳播算法降低損失值，直到獲得最小損失值為止，這部分與神經網路運作原理相同。不同之處在於卷積神經網路使用卷積方式運算，以下介紹卷積神經網路的運作原理。

卷積神經網路分成**特徵擷取（Feature Extraction）**和特徵分類（Feature Classification）兩個部分。特徵擷取由**卷積層（Convolution Layer）**與池化層（**Pooling Layer**）組成，可以重複使用多個卷積層與池化層組成;而特徵分類由**攤平層(Flatten Layer)**與**全連接層(Fully Connected Layer)**組成,最後輸出各個分類的機率。

(1) 卷積層(Convolution Layer)

利用卷積層擷取影像的輪廓,可以使用 3x3、5x5 或 7x7 矩陣當成卷積核(Kernel,或稱為 Filter)擷取影像,**卷積核就是卷積神經網路的參數**。假設原始影像為 5x5 矩陣,使用 3x3 矩陣為卷積核,以下分別介紹 strides 設定為 1 或 2 的卷積運算詳細過程。

設定 strides 為 1

strides 設為 1 表示卷積核每次往右或往下移動 1 格,運算結果為 3x3 矩陣,卷積運算詳細過程如下:

step**01** 求第一列第一行的運算結果,將原始影像左上角 **3x3** 矩陣與 **3x3** 的卷積核對應的元素相乘後相加,結果如下:

```
2*1+3*1+4*0+4*(-1)+5*0+4*1+0*0+2*(-1)+6*0=2+3-4+4-2=3
```

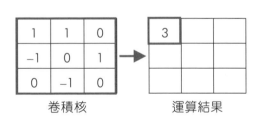

2	3	4	7	7
4	5	4	1	9
0	2	6	2	2
1	1	3	4	1
2	2	3	6	0

原始影像

step02 求第一列第二行的運算結果，將原始影像左上角 3x3 矩陣右移一格，與 3x3 的卷積核對應的元素相乘後相加，結果如下：

3*1+4*1+7*0+5*(-1)+4*0+1*1+2*0+6*(-1)+2*0=3+4-5+1-6= -3

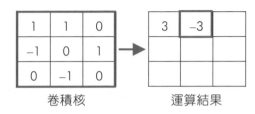

卷積核　　　　運算結果　　　　原始影像

step03 依此類推，依序向右與向下移動直到到達右下角，就可以計算出原始影像乘以卷積核的卷積運算結果，如下：

原始影像　　　　卷積核　　　　運算結果

設定 strides 為 2

此範例設定 strides 為 2，卷積核每次往右或往下移動 2 格，運算結果為 2x2 矩陣，卷積運算詳細過程如下：

step01 求第一列第一行的運算結果，將原始影像左上角 3x3 矩陣與 3x3 的卷積核對應的元素相乘後相加，結果如下：

2*1+3*1+4*0+4*(-1)+5*0+4*1+0*0+2*(-1)+6*0=2+3-4+4-2=3

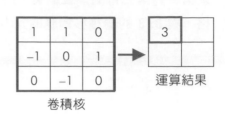

原始影像　　　　　　卷積核　　　　運算結果

step**02** 求第一列第二行的運算結果，將原始影像左上角 3x3 矩陣右移兩格與 3x3 的卷積核對應的元素相乘後相加，結果如下：

```
4*1+7*1+7*0+4*(-1)+1*0+9*1+6*0+2*(-1)+2*0=4+7-4+9-2=14
```

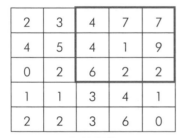

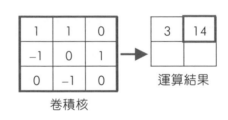

原始影像　　　　　　卷積核　　　　運算結果

step**03** 求第二列第一行的運算結果，將原始影像左上角 3x3 矩陣下移兩格與 3x3 的卷積核對應的元素相乘後相加，結果如下：

```
0*1+2*1+6*0+1*(-1)+1*0+3*1+2*0+2*(-1)+3*0=2-1+3-2=2
```

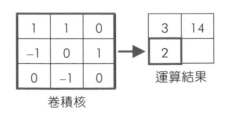

原始影像　　　　　　卷積核　　　　運算結果

step**04**　求第二列第二行的運算結果，將原始影像左上角 3x3 矩陣下移兩
格，接著右移兩格，與 3x3 的卷積核對應的元素相乘後相加，結
果如下：

```
6*1+2*1+2*0+3*(-1)+4*0+1*1+3*0+6*(-1)+0*0=6+2-3+1-6=0
```

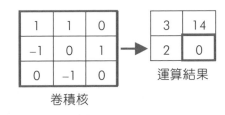

設定 padding 為 same

　　Keras 函式庫中 padding 預設為 valid，也就是原始影像的四周不會
填上 0，執行卷積運算後圖形會縮小。若不想卷積運算後圖形縮小，或想
加強圖像邊緣的辨識能力，設定 padding 為 same，會在原始影像的四周
填上 0，5x5 矩陣的原始影像會變成 7x7 矩陣。設定 strides 為 1，使用
3x3 的卷積進行運算，可獲得 5x5 的矩陣，大小與原始影像相同。

step**01**　求第一列第一行的運算結果，將原始影像左上角 3x3 矩陣，與 3x3
的卷積核對應的元素相乘後相加，結果如下：

```
0*1+0*1+0*0+0*(-1)+2*0+3*1+0*0+4*(-1)+5*0=3-4= -1
```

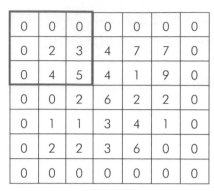

卷積核

運算結果

原始影像

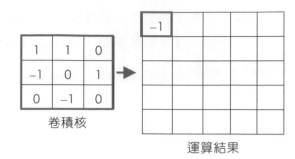

step02 求第一列第二行的運算結果，將原始影像左上角 3x3 矩陣右移一格，與 3x3 的卷積核對應的元素相乘後相加，結果如下：

```
0*1+0*1+0*0+2*(-1)+3*0+4*1+4*0+5*(-1)+4*0= -2+4-5= -3
```

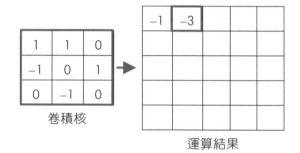

原始影像

卷積核

運算結果

step03 依此類推，就可以計算出全部原始影像乘以卷積核的運算結果，如下：

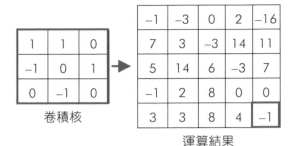

原始影像　　卷積核　　運算結果

設定激勵函式

假設使用激勵函式 ReLU，則計算結果小於 0 的值更改為 0，大於 0 的值維持不變，前一步驟卷積運算結果，經由激勵函式 ReLU，將小於 0 的數值改為 0，就是經由激勵函式 ReLU 的運算結果。

卷積核個數

一個卷積層可以使用多個卷積核，卷積核個數通常使用 8 個、16 個、32 個、64 個、128 個…等。每個卷積核可以有多個頻道（Channel），例如：彩色照片需要 3 個頻道，因為彩色由 RGB 三原色組成，需要 3 個 3x3 的卷積核，每個顏色對應一個卷積核，實際上卷積核為 3x3x3。兩個卷積層串聯在一起時，上一層卷積層使用 64 個卷積核，則下一層卷積層的一個卷積核（假設大小為 3x3）需要有 64 個頻道，也就是下一層卷積層的卷積核為 3x3x64。卷積神經網路就是找到最佳的卷積核；卷積核就是卷積神經網路的參數，讓損失值降到最低，達成更精確的預測結果。

以手寫數字為例，第一個訓練資料如下所示為數字 5，經過卷積層運算，使用 3x3 的卷積核（Kernel），設定 strides 為 1，使用 16 個卷積核，設定 padding 為 same，激勵函式為 relu，輸出維度為 28x28x16，產生右側 16 張圖片是 16 個卷積核運算結果，每張圖片大小為 28x28。

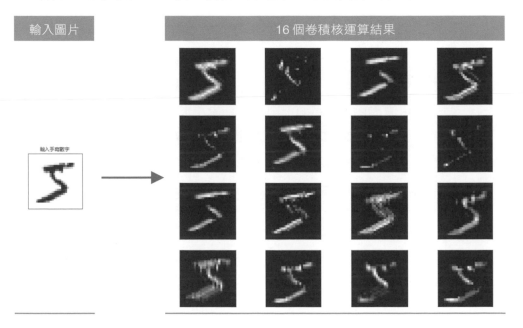

(2) 池化層（Pooling Layer）

池化層在指定範圍內的多個元素取最大值（MaxPooling）或取平均值（AveragePooling），可以選定 2x2 的矩陣範圍，設定 strides 為 2，假設原始輸入為 4x4 矩陣，經由池化層的 MaxPooling 運算後，只會剩下 2x2 矩陣。池化層的優點為可以**降低下一層的輸入資料量**，加快執行速度，且大部分情況下，並不會影響特徵擷取，對於影像辨識的結果影響不大。

3	0	14	11
14	6	0	7
2	8	0	0
3	8	4	0

MaxPooling →

| 14 | 14 |
| 8 | 4 |

以手寫數字為例，第一個訓練資料為數字 5，經過卷積層，輸出維度為 28x28x16，產生左側 16 張圖片，每張圖片大小為 28x28，經由池化層感應範圍為 2x2，設定 strides 為 2，輸出維度為 14x14x16，產生右側 16 張圖片，每張圖片大小為 14x14。

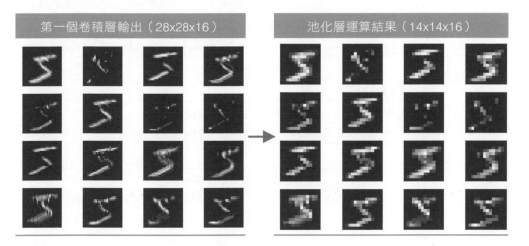

第一個卷積層輸出（28x28x16）　　池化層運算結果（14x14x16）

(3) 攤平層（Flatten Layer）

經由卷積層與池化層的特徵擷取後，需要使用全連接層產生分類的預估結果，全連接層使用一維陣列為輸入，使用攤平層將池化層產生的二維陣列轉換成一維陣列，再將一維陣列輸入下一層的全連接層。

(4) 全連接層（Fully Connected Layer）

使用全連接層計算每一個分類的機率，取最高者為最後預測的分類。全連接層的神經元個數就是分類個數，假設辨識手寫數字 0 到 9，全連接層需要 10 個神經元，一個神經元表示一個數字的機率，激勵函式使用函式 softmax，函式 softmax 會讓 10 個神經元的輸出值加總為 1。該數字可能性越大者，該數字表示的神經元輸出值越大，最後取出最大值所表示的數字，就是辨識結果。

下表以手寫數字 7 為例，最後數字 7 的機率接近 100%，表示辨識正確。

```
[4.6922397e-11 1.5466635e-15 1.8587970e-09 2.1006119e-09 6.2685141e-14
 1.5844291e-15 3.4936075e-22 1.0000000e+00 4.6684046e-11 1.1010513e-08]
```

綜合上述卷積神經網路概念，以辨識手寫數字為例，說明卷積神經網路的實作流程。每個手寫數字圖片為寬度 28 像素，高度 28 像素，經由兩個卷積層與池化層進行特徵擷取，接著使用攤平層與全連接層計算各分類的機率，流程如下：

```
輸入層（Input Layer）
維度為 28x28x1
```
↓
```
卷積層（Convolution Layer）
使用 3x3 的卷積核（Kernel），設定 strides 為 1，使用 16 個卷積核，
設定 padding 為 same，激勵函式為 relu，輸出維度為 28x28x16
```
↓
```
池化層（Pooling Layer）
大小為 2x2，設定 strides 為 2，輸出維度為 14x14x16
```
↓
```
卷積層（Convolution Layer）
使用 3x3 的卷積核（Kernel），設定 strides 為 1，使用 16 個卷積核，
設定 padding 為 valid，激勵函式為 relu，輸出維度為 12x12x16
```
↓
```
池化層（Pooling Layer）
大小為 2x2，設定 strides 為 2，輸出維度為 6x6x16
```
↓

特徵擷取

```
┌──────┐    ┌──────────────────────────────────────┐
│特     │    │         攤平層（Faltten Layer）        │
│徵     │    │         輸出維度為 576                 │
│分     │    └──────────────────────────────────────┘
│類     │                      ↓
│      │    ┌──────────────────────────────────────┐
│      │    │   全連接層（Fully Connected Layer）    │
│      │    │   使用 10 個神經元，輸出維度為 10       │
└──────┘    └──────────────────────────────────────┘
                          ↓
            ┌──────────────────────────────────────┐
            │      輸出數字 0 到數字 9 的機率          │
            └──────────────────────────────────────┘
```

上述辨識手寫數字的卷積神經網路每一層參數個數如下所示，此為使用 keras 套件建立手寫數字辨識模型，輸出該模型的摘要結果。

```
Model: "sequential_4"
_____
Layer (type)                 Output Shape              Param #
=================================================================
conv2d_7 (Conv2D)            (None, 28, 28, 16)        160        ◄── 第一個卷積層
_____
max_pooling2d_7 (MaxPooling2 (None, 14, 14, 16)        0          ◄── 第一個池化層
_____
conv2d_8 (Conv2D)            (None, 12, 12, 16)        2320       ◄── 第二個卷積層
_____
max_pooling2d_8 (MaxPooling2 (None, 6, 6, 16)          0          ◄── 第二個池化層
_____
flatten_4 (Flatten)          (None, 576)               0          ◄── 攤平層
_____
dense_6 (Dense)              (None, 10)                5770       ◄── 全連接層
=================================================================
Total params: 8,250
Trainable params: 8,250
Non-trainable params: 0
```

各層參數個數說明如下：

1. 第一個卷積層（使用 3x3 的卷積核（Kernel），設定 strides 為 1，使用 16 個卷積核，設定 padding 為 same，輸出維度為 28x28x16）。使用 3x3 的卷積核，手寫數字為黑白照片，所以頻道（Channel）數為 1，卷積核大小為 3x3x1，表示每一個卷積核由 1 個 3x3 矩陣組成，需要 16 個卷積核。參數個數為(3x3x1＋1(bias))*16 等於 160，所以第一個卷積層參數個數為 160。

2. 第一個池化層沒有卷積核,所以參數個數為 0,輸出維度為 14x14x<u>16</u>,由此可知下一層卷積層的卷積核頻道數為 16。

3. 第二個卷積層(使用 3x3 的卷積核(Kernel),設定 strides 為 1,使用 16 個卷積核,設定 padding 為 valid,輸出維度為 12x12x16)。使用 3x3 的卷積核,因為上一層池化層輸出維度為 14x14x<u>16</u>,所以頻道(Channel)數為 <u>16</u>,第二個卷積層的卷積核大小為 3x3x<u>16</u>,表示每一個卷積核由 16 個 3x3 矩陣組成,需要 16 個卷積核。參數個數為(3x3x16+1(bias))*16 等於 2320,所以第二個卷積層參數個數為 2320。

4. 第二個池化層沒有卷積核,所以參數個數為 0,輸出維度為 6x6x16。

5. 攤平層會把上一層(第二個池化層)的輸出,轉換成一維陣列,輸出維度為 576,因為 6x6x16 等於 576,維度轉換不需要參數。

6. 全連接層使用 10 個神經元,上一層有 576 個輸出,參數個數為 5770,因為(576+1(bias))*10 等於 5770。

此模型參數總數為每一層參數個數相加,160+2320+5770 等於 8250,卷積神經網路模型就是調整這些參數,學會辨識手寫數字。

11-2 使用 keras 實作卷積神經網路

使用 keras 實作卷積神經網路,將每筆資料輸入卷積神經網路模型就可訓練模型,輸入測試資料到模型,就可以獲得預測結果,評估模型的正確率。以辨識手寫數字為例,使用 keras 實作卷積神經網路的步驟如下:

step01 建立模型

```
model = Sequential()
```

step02 輸入資料與建立卷積層

```
model.add(Conv2D(16, (3, 3), strides=(1, 1), padding='same', activation='relu',
input_shape=(28, 28, 1)))
```

💠 **說明**

(a) Conv2D：表示使用 2 維卷積核。

(b) 16：表示有 16 個卷積核，若改成 32 就會使用 32 個卷積核。

(c) (3, 3)：表示卷積核大小為 3x3。若改成(5,5)就會使用 5x5 為卷積核的大小。

(d) strides＝(1,1)：表示卷積核滑動時，左右移動 1 格，且上下移動 1 格。若改成(2,2)就會左右移動 2 格，且上下移動 2 格。

(e) padding＝'same'：表示輸入圖片的四周補 0。若改成 valid 或刪去 padding，表示不補 0。

(f) activation＝'relu'：表示使用 relu 為激勵函式，也可以使用 sigmoid、tanh 等激勵函式。

(g) input_shape＝(28, 28, 1)：表示輸入圖片的大小。

step03 建立池化層

```
model.add(MaxPooling2D(pool_size=(2, 2), strides=(2, 2)))
```

💠 **說明**

(a) MaxPooling2D：使用二維的 MaxPooling 池化層。

(b) pool_size＝(2, 2)：表示使用 2x2 的範圍進行 MaxPooling 運算。

(c) strides＝(2,2)：表示池化層滑動時，左右移動 2 格，且上下移動 2 格。

step**04** 決定是否要建立第二個的卷積層與池化層

```
model.add(Conv2D(16, (3, 3), strides=(1, 1), activation='relu'))
model.add(MaxPooling2D(pool_size=(2, 2), strides=(2, 2)))
```

💎 說明

請參考(2)輸入資料與建立卷積層與(3)建立池化層。

step**05** 建立攤平層

```
model.add(Flatten())
```

💎 說明

Flatten 表示攤平層。

step**06** 建立全連接層

```
model.add(Dense(10, activation='softmax'))
```

💎 說明

(a) Dense：表示全連接層

(b) 10：表示分成 10 個類別，改成所需要類別個數。

(c activation='softmax'：表示使用激勵函式 softmax。

step**07** 設定模型的優化器、損失函式與評估指標

```
model.compile(optimizer='adam', loss='categorical_crossentropy',
metrics=['accuracy'])
```

💎 說明

(a) optimizer='adam'：設定優化器為 adam，使用 adam 演算法更改學習率，讓模型更快收斂，找到損失值最小的狀態。

(b) loss='categorical_crossentropy'：設定損失函式為 categorical_crossentropy，表示為多類別的分類。若改為 binary_crossentropy，表示為二分類問題。

(c) metrics=['accuracy']：表示訓練過程要紀錄每次訓練的正確率。

step08 訓練模型

```
history = model.fit(train_X, train_y, validation_data=(test_X, test_y),
epochs=10, batch_size=200, verbose=2)
```

🔶 說明

(a) history：使用變數 history 接收計算過程，可以修改為其他變數名稱。

(b) train_X, train_y：表示使用 train_X 為訓練資料集，train_y 為訓練目標集。

validation_data=(test_X, test_y)：表示使用 test_X 為測試資料集，test_y 為測試目標集。

(c) epochs=10：表示所有輸入資料需要跑 10 次。

(d) batch_size=200：表示每 200 筆輸入資料更新一次參數，卷積層參數為卷積核內的元素值。

(e) verbose=2：每個 epochs 輸出一個訓練紀錄。

step09 評估模型

```
score = model.evaluate(test_X, test_y, verbose=0)
```

🔶 說明

(a) score：使用變數 score 接收評估結果，可以修改為其他變數名稱。

(b) test_X, test_y：表示使用 test_X 為測試資料集，test_y 為測試目標集。

(c) verbose＝0：不顯示計算過程。

11-3 卷積神經網路實作範例

11-3-1 使用卷積神經網路辨識手寫數字

【11-3-1 使用卷積神經網路辨識手寫數字.ipynb】本範例使用手寫阿拉伯數字資料集（mnist），每個手寫數字由長寬各 28 個像素組成，將這些手寫數字分成數字 0 到數字 9 總共 10 類。

```
from tensorflow.keras.datasets import mnist
(train_X, train_y), (test_X, test_y) = mnist.load_data()
```

step01 匯入資料

從 keras.datasets 的 mnist 匯入手寫數字資料。

行數	程式碼
1	from tensorflow.keras.models import Sequential, load_model
2	from tensorflow.keras.layers import Dense, Conv2D, MaxPooling2D, Flatten
3	from tensorflow.keras.utils import to_categorical
4	from tensorflow.keras.datasets import mnist
5	import matplotlib.pyplot as plt
6	import numpy as np
7	import pandas as pd
8	plt.rcParams['font.sans-serif'] = ['Microsoft YaHei']
9	(train_X, train_y), (test_X, test_y) = mnist.load_data()
10	train_X = train_X.reshape(train_X.shape[0], 28, 28, 1).astype('float32')
11	test_X = test_X.reshape(test_X.shape[0], 28, 28, 1).astype('float32')

🔷 程式說明

+ 第 1 到 7 行：匯入函式庫。

+ 第 8 行：設定繪圖模組 plt 的中文字型。

+ 第 9 行：使用函式 load_data 匯入手寫數字資料集 mnist 的訓練資料到 train_X 與 train_y，測試資料到 test_X 與 test_y。

+ 第 10 到 11 行：轉換 train_X 與 test_X 的維度，多出一個維度，才能符合輸入資料的規格，黑白圖片需要新增維度，彩色圖片不需要。

step02 | 修改資料

將 train_y 與 test_y 改成 one-hot 編碼。

行數	程式碼
1	`train_y2 = to_categorical(train_y)`
2	`test_y2 = to_categorical(test_y)`
3	`print(test_y.shape)`
4	`print(test_y2.shape)`

🔷 程式說明

+ 第 1 行：使用函式 to_categorical 轉換 train_y 為 one-hot 編碼，使用變數 train_y2 參考到此轉換結果。

+ 第 2 行：使用函式 to_categorical 轉換 test_y 為 one-hot 編碼，使用變數 test_y2 參考到此轉換結果。

+ 第 3 到 4 行：使用 shape 顯示 test_y 與 test_y2 的維度大小。

🔷 執行結果

```
(10000,)
(10000, 10)
```

可以發現 test_y 是一維陣列，有 10,000 個元素，經由函式 to_categorical 轉換後，變成二維陣列，有 10,000 列，每列有 10 個元素，相當於 1 個元素變 10 個元素。

one-hot 編碼

one-hot 編碼轉換過程如下：test_y 的數值由 0 到 9 組成，假設 test_y 為 0，則轉換成[1, 0, 0, 0, 0, 0, 0, 0, 0, 0]；假設 test_y 為 1，則轉換成[0, 1, 0, 0, 0, 0, 0, 0, 0, 0]；假設 test_y 為 2，則轉換成[0, 0, 1, 0, 0, 0, 0, 0, 0, 0]；依此類推，假設 test_y 為 9，則轉換成[0, 0, 0, 0, 0, 0, 0, 0, 0, 1]，這就是 one-hot 編碼。

step03 建立模型

使用 Sequential 建立模型，依序加入卷積層、池化層、攤平層與全連結層。

行數	程式碼
1	`model = Sequential()`
2	`model.add(Conv2D(16, (3, 3), strides=(1, 1), padding='same', activation='relu', input_shape=(28, 28, 1)))`
3	`model.add(MaxPooling2D(pool_size=(2, 2), strides=(2, 2)))`
4	`model.add(Conv2D(16, (3, 3), strides=(1, 1), activation='relu'))`
5	`model.add(MaxPooling2D(pool_size=(2, 2), strides=(2, 2)))`
6	`model.add(Flatten())`
7	`model.add(Dense(10, activation='softmax'))`
8	`model.compile(optimizer='adam', loss='categorical_crossentropy', metrics=['accuracy'])`
9	`print(model.summary())`

🎁 程式說明

✦ 第 1 行：使用 Sequential 建立卷積神經網路模型。

✦ 第 2 行：使用 Conv2D 新增二維的卷積層，使用 3x3 的卷積核(Kernel)，使用 16 個卷積核，設定 strides 為 1，設定

padding 為 same，設定激勵函式為 relu，輸入手寫圖片維度為 28x28x1。

✦ 第 3 行：使用 MaxPooling2D 新增二維的 MaxPooling，設定感應範圍為 2x2，每次向右或向下移動 2 格。

✦ 第 4 行：使用 Conv2D 新增二維的卷積層，使用 3x3 的卷積核 (Kernel)，使用 16 個卷積核，設定 strides 為 1，設定激勵函式為 relu。

✦ 第 5 行：使用 MaxPooling2D 新增二維的 MaxPooling，設定感應範圍為 2x2，每次向右或向下移動 2 格。

✦ 第 6 行：使用 Flatten 新增攤平層。

✦ 第 7 行：使用 Dense 新增全連接層，有 10 個神經元，使用 softmax 為激勵函式。

✦ 第 8 行：設定優化器為 adam，設定損失函式為 categorical_crossentropy，表示此模型為多類別分類，設定 metrics 為 accuracy，表示訓練過程要紀錄每次訓練的正確率。

✦ 第 9 行：使用函式 summary 輸出整個模型的摘要。

🔩 執行結果

```
Model: "sequential"

Layer (type)                   Output Shape          Param #
=================================================================
conv2d (Conv2D)                (None, 28, 28, 16)    160

max_pooling2d (MaxPooling2D)   (None, 14, 14, 16)    0

conv2d_1 (Conv2D)              (None, 12, 12, 16)    2320

max_pooling2d_1 (MaxPooling2   (None, 6, 6, 16)      0

flatten (Flatten)              (None, 576)           0

dense (Dense)                  (None, 10)            5770
=================================================================
Total params: 8,250
Trainable params: 8,250
Non-trainable params: 0
_____
None
```

step04 訓練模型與評估模型

輸入訓練資料訓練模型，輸入測試資料評估模型。

行數	程式碼
1	history = model.fit(train_X, train_y2, validation_data=(test_X, test_y2), epochs=10, batch_size=200, verbose=2)
2	score = model.evaluate(test_X, test_y2, verbose=0)
3	print("正確率",score[1])

🟢 程式說明

✦ 第 1 行：使用 train_X 為訓練資料集，train_y 為訓練目標集，設定 validation_data 為(test_X, test_y)，表示使用 test_X 為測試資料集，test_y 為測試目標集。所有輸入資料需要跑 10 次，每 200 筆輸入資料更新一次參數，卷積層參數為卷積核內的元素值。設定 verbose 為 2，表示每個 epochs 輸出一個訓練紀錄。使用變數 history 接收訓練過程。

✦ 第 2 到 3 行：使用 evaluate 輸入測試資料 test_X 與 test_y2 評估模型的正確率，將評估結果指定給變數 score，顯示變數 score 的第二個元素，第二個元素為正確率。

🟢 執行結果

```
Epoch 5/10
300/300 - 12s - loss: 0.0686 - accuracy: 0.9794 - val_loss: 0.0767 - val_accuracy: 0.9776
Epoch 6/10
300/300 - 12s - loss: 0.0568 - accuracy: 0.9828 - val_loss: 0.0778 - val_accuracy: 0.9783
Epoch 7/10
300/300 - 12s - loss: 0.0486 - accuracy: 0.9853 - val_loss: 0.0715 - val_accuracy: 0.9808
Epoch 8/10
300/300 - 12s - loss: 0.0410 - accuracy: 0.9871 - val_loss: 0.0690 - val_accuracy: 0.9810
Epoch 9/10
300/300 - 12s - loss: 0.0369 - accuracy: 0.9880 - val_loss: 0.0672 - val_accuracy: 0.9819
Epoch 10/10
300/300 - 12s - loss: 0.0334 - accuracy: 0.9891 - val_loss: 0.0644 - val_accuracy: 0.9817
正確率 0.9817000031471252
```

專有名詞介紹

(a) epoch：跑完所有訓練資料一次，稱作 1 個 epoch，通常機器學習模型需要反覆訓練多次，藉由訓練降低損失值，提高正確率。

(b) batch_size：每隔 batch_size 資料量更新一次參數。假設設定 batch_size 為 200，輸入訓練資料量為 10000，則跑完所有訓練資料一次，則會更新參數 50(10000/200＝50)次。

(c) loss：訓練資料的損失值。

(d) val_loss：測試資料的損失值。

(e) accuracy：訓練資料的正確率。

(f) val_accuracy：測試資料的正確率。

當模組學習效果不明顯，可以使用 EarlyStopping 提早結束訓練，程式碼如下：

```
from tensorflow.keras.callbacks import EarlyStopping
early = EarlyStopping(monitor='val_loss', patience=3, min_delta=0.01)
model = Sequential()
…
history = model.fit(…, epochs=20, verbose=1, callbacks=[early])
```

「monitor＝'val_loss'」表示監控測試資料的損失值，「patience＝3, min_delta＝0.01」表示當連續 3 個 epochs 內損失值的減少小於 0.01 就會結束訓練。使用「model.fit(…, callbacks＝[early])」將 EarlyStopping 功能加入到訓練過程。

step**05** 繪製模型正確率圖與損失值圖

繪製訓練過程的模型正確率圖與損失值圖。

行數	程式碼
1	`plt.plot(history.history['accuracy'])`
2	`plt.plot(history.history['val_accuracy'])`
3	`plt.title('模組正確率')`

行數	程式碼
4	`plt.ylabel('正確率')`
5	`plt.xlabel('Epoch')`
6	`plt.legend(['Train', 'Test'], loc='upper left')`
7	`plt.show()`
8	`plt.plot(history.history['loss'])`
9	`plt.plot(history.history['val_loss'])`
10	`plt.title('模組損失')`
11	`plt.ylabel('損失')`
12	`plt.xlabel('Epoch')`
13	`plt.legend(['Train', 'Test'], loc='upper left')`
14	`plt.show()`

🔷 程式說明

✦ 第 1 行：取出訓練過程的訓練資料的正確率，使用 plot 繪製到圖表上。

✦ 第 2 行：取出訓練過程的測試資料的正確率，使用 plot 繪製到圖表上。

✦ 第 3 到 5 行：設定圖表標題為「模組正確率」，Y 軸標籤為「正確率」，X 軸標籤為「Epoch」。

✦ 第 6 行：在左上角設定圖說。

✦ 第 7 行：繪製模組正確率圖。

✦ 第 8 行：取出訓練過程的訓練資料的損失值，使用 plot 繪製到圖表上。

✦ 第 9 行：取出訓練過程的測試資料的損失值，使用 plot 繪製到圖表上。

✦ 第 10 到 12 行：設定圖表標題為「模組損失」，Y 軸標籤為「損失」，X 軸標籤為「Epoch」。

✦ 第 13 行：在左上角設定圖說。

✦ 第 14 行：繪製模型損失值圖。

🔷 執行結果

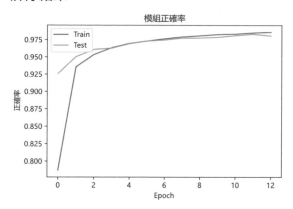

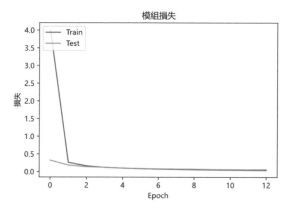

step06 顯示圖片與模型預測結果

顯示手寫數字圖片、原本數字與模型預測的數字。

行數	程式碼
1	`def draw_digit(digits, y, pred_y, index):`
2	`    for i in range(5):`
3	`        fig=plt.gcf()`
4	`        fig.set_size_inches(12,1)`
5	`        ax=plt.subplot(1,5,i+1)`
6	`        ax.imshow(np.reshape(digits[index+i],(28,28,1)), cmap='binary')`
7	`        title="原始為" +str(y[index+i])`
8	`        title+="預估為"+str(pred_y[index+i])`
9	`        ax.set_title(title,fontsize=10)`

行數	程式碼
10	`        ax.set_xticks([])`
11	`        ax.set_yticks([])`
12	`    plt.show()`
13	`pred_y = model.predict(test_X)`
14	`pred_y = np.argmax(pred_y, axis=1)`
15	`for i in range(0,25,5):`
16	`    draw_digit(test_X, test_y, pred_y, i)`

🔳 程式說明

✦ 第 1 行：自訂函式 draw_digit 用於顯示手寫數字圖片，並標示原始數字與辨識後數字。

✦ 第 2 行：使用 for 迴圈執行跑 5 次，每次顯示一個手寫數字圖片。

✦ 第 3 行：使用函式 gcf 新增一個圖片。

✦ 第 4 行：設定圖片大小為寬 12 英寸，高 1 英寸。

✦ 第 5 行：使用 subplot 劃分成 1 列 5 欄，每張圖片放在編號 i+1 的位置，表示由左到右依序擺放。

✦ 第 6 行：使用 imshow 顯示圖片，將輸入手寫數字陣列 digits 第 index+i 個元素，轉換維度為 28x28x1，設定 cmap 為 binary。

✦ 第 7 到 8 行：設定標題為原始數字與辨識後的數字。

✦ 第 9 行：設定標題字體大小為 10。

✦ 第 10 到 11 行：不顯示 X 軸刻度與 Y 軸刻度。

✦ 第 12 行：使用迴圈新增一列五張圖片後，函式 show 顯示五個手寫數字在螢幕上。

✦ 第 13 行：使用函式 predict 進行模型預測，以 test_X 為輸入，結果儲存到變數 pred_y。

✦ 第 14 行：此時變數 pred_y 為 one-hot 編碼，使用函式 argmax 輸入變數 pred_y 還原回數值。

+ 第 15 到 16 行：使用 for 迴圈呼叫函式 draw_digit 顯示前 25 個手寫數字到螢幕上。

🔷 執行結果

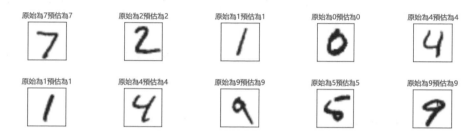

step**07** 儲存模型與載入模型

使用函式 save 儲存訓練好的模型，函式 load_model 載入模型。

行數	程式碼
1	model.save('minst_model.cnn')
2	model = load_model('minst_model.cnn')

🔷 程式說明

+ 第 1 行：使用函式 save 儲存模型到資料夾 minst_model.cnn。

+ 第 2 行：使用函式 load_model 載入資料夾 minst_model.cnn 到模型。

step**08** 建立混淆矩陣

使用混淆矩陣找出辨識錯誤的數字與個數。

行數	程式碼
1	pred_y = model.predict(test_X)
2	pred_y = np.argmax(pred_y, axis=1)
3	pd.crosstab(test_y, pred_y, rownames=['原來'], colnames=['預估'])

程式說明

✦ 第 1 行：使用函式 predict 進行模型預測，以 test_X 為輸入，變數結果儲存到變數 pred_y。

✦ 第 2 行：此時變數 pred_y 為 one-hot 編碼，使用函式 argmax 輸入變數 pred_y 還原回原來數字。

✦ 第 3 行：使用函式 crosstab 比較目標結果 test_y 與預測結果 pred_y，產生混淆矩陣。

執行結果

預估 原來	0	1	2	3	4	5	6	7	8	9
0	971	0	2	0	0	0	3	1	3	0
1	1	1119	4	2	2	1	3	1	2	0
2	1	0	1022	0	0	0	2	6	1	0
3	0	1	2	990	0	9	0	2	5	1
4	0	0	1	0	967	0	1	0	1	12
5	5	0	1	5	0	875	1	0	2	3
6	6	2	1	0	6	4	932	1	6	0
7	1	3	11	1	5	0	0	1002	2	3
8	4	0	0	1	2	2	0	1	961	3
9	3	1	2	1	10	5	0	1	8	978

step09 顯示辨識錯誤的手寫數字

找出辨識錯誤的手寫數字，並顯示在螢幕上。

行數	程式碼
1	`diff = (test_y != pred_y)`
2	`print("辨識錯誤個數", diff.sum())`
3	`diff_idx = [idx for idx in range(len(diff))  if diff[idx] == True]`
4	`print(diff_idx)`
5	`for i in range(10):`
6	`    draw_digit(test_X, test_y, pred_y, diff_idx[i])`

💠 程式說明

✦ 第 1 行：比較 test_y 與 pred_y 的不同之處，產生布林陣列到陣列 diff，True 表示兩數字不同，False 表示兩數字相同。

✦ 第 2 行：顯示「辨識錯誤個數」，加總陣列 diff 的數值。

✦ 第 3 行：找出陣列 diff 元素為 True 的索引值到陣列 diff_idx。

✦ 第 4 行：印出陣列 diff_idx。

✦ 第 5 到 6 行：使用 for 迴圈取出陣列 diff_idx 前 10 個元素為索引值，使用 step06 的函式 draw_digit 顯示該索引值開始的五張圖片，只有第一張圖片是辨識錯誤的圖片。

💠 執行結果

原始為3預估為5

原始為4預估為4

原始為9預估為9

原始為6預估為6

原始為6預估為6

step10 顯示每一層的設定

顯示模型的每一層名稱與卷積核個數，與每一層的詳細設定。

行數	程式碼
1	model = load_model('minst_model.cnn')
2	for i in range(len(model.layers)):
3	print("===")
4	if 'conv' in model.layers[i].name:
5	print(i,"名稱", model.layers[i].name, "卷積核", model.layers[i].filters)
6	else:
7	print(i,"名稱", model.layers[i].name)
8	print("設定為", model.layers[i].get_config())

💠 程式說明

✦ 第 1 行：使用函式 load_model 載入模型 minst_model.cnn。

- ✦ 第 2 到 8 行：使用 for 迴圈找出卷積神經網路的每一層。

- ✦ 第 3 行：印出分隔線。

- ✦ 第 4 到 7 行：若該層的名字有出現「conv」，則顯示該層名稱與卷積核個數，否則只顯示名稱。

- ✦ 第 8 行：顯示該層的設定。

🔶 執行結果

```
================================================================
0 名稱 conv2d 卷積核 16
設定為 {'name': 'conv2d', 'trainable': True, 'batch_input_shape': (None, 28, 28, 1), 'dtype': 'flo
at32', 'filters': 16, 'kernel_size': (3, 3), 'strides': (1, 1), 'padding': 'same', 'data_format':
'channels_last', 'dilation_rate': (1, 1), 'groups': 1, 'activation': 'relu', 'use_bias': True, 'ke
rnel_initializer': {'class_name': 'GlorotUniform', 'config': {'seed': None}}, 'bias_initializer':
{'class_name': 'Zeros', 'config': {}}, 'kernel_regularizer': None, 'bias_regularizer': None, 'acti
vity_regularizer': None, 'kernel_constraint': None, 'bias_constraint': None}
================================================================
1 名稱 max_pooling2d
設定為 {'name': 'max_pooling2d', 'trainable': True, 'dtype': 'float32', 'pool_size': (2, 2), 'padd
ing': 'valid', 'strides': (2, 2), 'data_format': 'channels_last'}
================================================================
```

step 11 顯示卷積神經網路的每一層輸出

顯示卷積神經網路的每一層輸出。

行數	程式碼
1	from tensorflow.keras.models import Model
2	from tensorflow.keras.models import load_model
3	import matplotlib.pyplot as plt
4	import numpy as np
5	fig=plt.gcf()
6	fig.set_size_inches(2,2)
7	ax=plt.subplot(1,1,1)
8	ax.imshow(train_X[0], cmap='binary')
9	plt.show()
10	model = load_model('minst_model.cnn')
11	model2 = Model(inputs=model.inputs, outputs=model.layers[0].output)
12	model2.summary()
13	img = np.reshape(train_X[0],(1,28,28,1))
14	pred_img = model2.predict(img)
15	c = 1

行數	程式碼
16	`plt.figure(figsize=(10,8))`
17	`for i in range(4):`
18	`    for j in range(4):`
19	`        ax = plt.subplot(4, 4, c)`
20	`        ax.set_xticks([])`
21	`        ax.set_yticks([])`
22	`        plt.imshow(pred_img[0, :, :, c-1], cmap='gray')`
23	`        c += 1`
24	`plt.show()`

程式說明

✦ 第 1 到 4 行：匯入函式庫。

✦ 第 5 行：使用函式 gcf 新增一個圖片。

✦ 第 6 行：設定圖片大小為寬 2 英寸，高 2 英寸。

✦ 第 7 行：使用 subplot 劃分成 1 列 1 欄，圖片放在編號 1 的位置。

✦ 第 8 行：使用 imshow 顯示圖片，將輸入手寫數字陣列 train_X 第 1 個元素，設定 cmap 為 binary。

✦ 第 9 行：顯示圖片到螢幕上。

✦ 第 10 行：使用函式 load_model 載入模型 minst_model.cnn。

✦ 第 11 行：設定 outputs 為 model.layers[0].output，輸出卷積神經網路的第一層。

✦ 第 12 行：使用函式 summary 顯示模型的摘要。

✦ 第 13 行：將 train_X[0]的維度轉換成(1,28,28,1)，變數 img 參考到此結果。

✦ 第 14 行：使用函式 predict 輸入變數 img 進行預測，變數 pred_img 參考到此結果。

✦ 第 15 行：設定變數 c 為 1。

✦ 第 16 行：設定圖片大小為寬 10 英寸，高 8 英寸。

✦ 第 17 到 23 行：使用巢狀迴圈顯示 16 個卷積核運算結果，使用函式 subplot 分割圖片為 4 列 4 欄，將圖片放在第 c 個位置（第 19 行），不顯示 X 軸刻度與 Y 軸刻度（第 20 到 21 行），顯示變數 pred_img 第 c-1 個元素（第 22 行），變數 c 遞增 1（第 23 行）。

✦ 第 24 行：顯示圖片。

🧊 執行結果

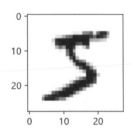

```
Model: "model"

Layer (type)                Output Shape            Param #
=================================================================
conv2d_2_input (InputLayer) [(None, 28, 28, 1)]     0
_____
conv2d_2 (Conv2D)           (None, 28, 28, 16)      160
=================================================================
Total params: 160
Trainable params: 160
Non-trainable params: 0
```

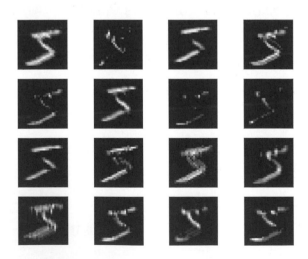

11-4 習題

一. 問答題

1. 請說明卷積神經網路的運作原理。

2. 請說明卷積層（Convolution Layer）與池化層（Pooling Layer）的用途。

3. 請說明攤平層（Flatten Layer）與全連接層（Fully Connected Layer）的用途。

4. 請舉例說明如何使用卷積層、池化層、攤平層與全連接層組成一個卷積神經網路。

二. 實作題

使用卷積神經網路辨識電腦字型的數字

從以下網址下載 dataset.npz。

```
https://www.kaggle.com/hraouak/digits-in-various-fonts
```

使用以下程式，載入 dataset.npz。

```
data = np.load('E:/data/dataset.npz')
X, y = data["images"], data["labels"]
X = np.array(X)
y = np.array(y)
```

建立一個卷積神經網路，輸入電腦字型的數字圖形，辨識成數字，撰寫程式完成以下功能。

1. 匯入資料檔 dataset.npz。

2. 將電腦字型的數字圖形(X)顯示在螢幕上，並顯示所表示數值(y)。

3. 產生訓練資料集與測試資料集

(1) 將相依變數 y 轉換成 one-hot 編碼。

(2) 隨機挑選輸入資料的 80% 為訓練資料集與剩餘 20% 為測試資料集。

4. 建立模型與訓練模型

請使用 Sequential 建立卷積神經網路，並輸入訓練資料進行訓練，模型摘要如下，可以自行調整模型結構，找出適合的卷積神經網路模型。

```
Model: "sequential_6"

Layer (type)                    Output Shape              Param #
=================================================================
conv2d_14 (Conv2D)              (None, 126, 126, 16)      160

conv2d_15 (Conv2D)              (None, 124, 124, 16)      2320

max_pooling2d_8 (MaxPooling2    (None, 62, 62, 16)        0

flatten_6 (Flatten)             (None, 61504)             0

dense_11 (Dense)                (None, 10)                615050
=================================================================
```

5. 評估模型

(1) 使用測試資料評估模型的正確率。

(2) 繪製訓練過程中訓練資料與測試資料的正確率圖與損失值圖。

使用 Cifar-10 圖庫
訓練卷積神經網路

使用 Cifar-10 圖庫訓練卷積神經網路，Cifar-10 圖庫擁有 60000 張圖片，分成 10 個類別，每個類別 6000 張圖片，每張圖片寬 32 像素高 32 像素。將 60000 張圖片分成訓練集為 50000 張圖片與測試集 10000 張圖片。訓練集每個類別挑選 5000 張圖片，共 50000 張圖片，測試集每個類別挑選 1000 張圖片，共 10000 張圖片。圖片分成「飛機」、「汽車」、「鳥」、「貓」、「鹿」、「狗」、「青蛙」、「馬」、「船」、「卡車」等 10 個類別。在 keras 函式庫可以載入 Cifar-10 圖庫，程式碼如下。

```
from tensorflow.keras.datasets import cifar10
(train_X, train_y), (test_X, test_y) = cifar10.load_data()
```

💠 說明

- ✦ train_X 為訓練集的圖檔，train_y 為訓練集的類別。
- ✦ test_X 為測試集的圖檔，test_y 為測試集的類別。

12-1 使用卷積神經網路辨識 Cifar-10 圖庫

【12-1 使用卷積神經網路辨識 Cifar-10 圖庫.ipynb】本範例使用 Cifar-10 圖庫，每張圖片由長寬各 32 個像素組成，總共 10 類，使用卷積神經網路辨識這些圖片，步驟如下。

step01 匯入資料與修改資料

匯入 cifar10 圖庫，對輸入的訓練資料與測試資料進行處理。

行數	程式碼
1	from tensorflow.keras.callbacks import EarlyStopping
2	from tensorflow.keras.models import Sequential, Model
3	from tensorflow.keras.layers import Dense, Dropout
4	from tensorflow.keras.utils import to_categorical
5	from tensorflow.keras.layers import Conv2D, MaxPooling2D
6	from tensorflow.keras.layers import Flatten
7	from tensorflow.keras.datasets import cifar10
8	from tensorflow.keras.models import load_model
9	import numpy as np
10	import pandas as pd
11	import matplotlib.pyplot as plt
12	plt.rcParams['font.sans-serif'] = ['Microsoft YaHei']
13	(train_X, train_y), (test_X, test_y) = cifar10.load_data()
14	train_X = train_X / 255
15	test_X = test_X / 255
16	train_y2 = to_categorical(train_y)
17	test_y2 = to_categorical(test_y)

📄 程式說明

✦ 第 1 到 11 行：匯入函式庫。

✦ 第 12 行：設定繪圖模組 plt 的中文字型。

✦ 第 13 行：使用函式 load_data 下載資料集 cifar10 的訓練資料到 train_X 與 train_y，測試資料到 test_X 與 test_y。

+ 第 14 到 15 行：讓每個值除以 255，使圖片每個 byte 的數值介於 0 到 1 之間。

+ 第 16 行：使用函式 to_categorical 轉換 train_y 為 one-hot 編碼，使用變數 train_y2 參考到此轉換結果。

+ 第 17 行：使用函式 to_categorical 轉換 test_y 為 one-hot 編碼，使用變數 test_y2 參考到此轉換結果。

step**02**　建立模型、訓練模型與評估模型

使用 Sequential 建立模型、訓練模型與評估模型。

行數	程式碼
1	model = Sequential()
2	model.add(Conv2D(64, kernel_size=(3, 3), padding='same', activation='relu', input_shape=(32, 32, 3)))
3	model.add(MaxPooling2D(pool_size=(2, 2), strides=(2, 2)))
4	model.add(Conv2D(64, (3, 3), padding='same', activation='relu'))
5	model.add(MaxPooling2D(pool_size=(2, 2), strides=(2, 2)))
6	model.add(Flatten())
7	model.add(Dense(128, activation='relu'))
8	model.add(Dense(10, activation='softmax'))
9	model.compile(optimizer='adam', loss='categorical_crossentropy', metrics=['accuracy'])
10	print(model.summary())
11	history = model.fit(train_X, train_y2, validation_data=(test_X, test_y2), epochs=10, batch_size=200, verbose=2)
12	scores = model.evaluate(test_X, test_y2)
13	print("正確率",scores[1])

◉ 程式說明

+ 第 1 行：使用 Sequential 建立卷積神經網路模組。

+ 第 2 行：使用 Conv2D 新增二維的卷積層，使用 3x3 的卷積核（Kernel），使用 64 個卷積核，設定 padding 為 same，設定

激勵函式為 relu，輸入圖片維度為(32,32,3)，3 表示頻道
（channel）個數，因為彩色相片的每個像素由 3 個 byte 組成。

✦ 第 3 行：使用 MaxPooling2D 新增二維的 MaxPooling，設定感
應範圍為 2x2，每次向右或向下移動 2 格。

✦ 第 4 行：使用 Conv2D 新增二維的卷積層，使用 3x3 的卷積核
(Kernel)，使用 64 個卷積核，設定 padding 為 same，設定激勵
函式為 relu。

✦ 第 5 行：使用 MaxPooling2D 新增二維的 MaxPooling，設定感
應範圍為 2x2，每次向右或向下移動 2 格。

✦ 第 6 行：使用 Flatten 新增攤平層。

✦ 第 7 行：使用 Dense 新增全連接層，有 128 個神經元，使用 relu
為激勵函式。

✦ 第 8 行：使用 Dense 新增全連接層，有 10 個神經元，使用
softmax 為激勵函式。

✦ 第 9 行：設定優化器為 adam，設定損失函式為
categorical_crossentropy，表示此模型為多類別分類。設定
metrics 為 accuracy，表示訓練過程要紀錄每次訓練的正確率。

✦ 第 10 行：使用函式 summary 輸出整個模組的摘要。

✦ 第 11 行：使用 train_X 為訓練資料集，train_y 為訓練目標集，
設定 validation_data 為(test_X, test_y)，表示使用 test_X 為測試
資料集，test_y 為測試目標集。所有輸入資料需要跑 10 次，每
200 筆輸入資料更新一次參數，卷積層參數為卷積核內的元素
值。設定 verbose 為 2，表示每個 epochs 輸出一個訓練紀錄。
使用變數 history 接收訓練過程。

✦ 第 12 到 13 行：使用 evaluate 輸入測試資料 test_X 與 test_y2
評估模型的正確率，將評估結果指定給變數 score。顯示變數
score 的第二個元素，表示要顯示正確率。

執行結果

```
Layer (type)                    Output Shape              Param #
=================================================================
conv2d_18 (Conv2D)              (None, 32, 32, 64)        1792

max_pooling2d_15 (MaxPooling    (None, 16, 16, 64)        0

conv2d_19 (Conv2D)              (None, 16, 16, 64)        36928

max_pooling2d_16 (MaxPooling    (None, 8, 8, 64)          0

flatten_7 (Flatten)             (None, 4096)              0

dense_14 (Dense)                (None, 128)               524416

dense_15 (Dense)                (None, 10)                1290
=================================================================
Total params: 564,426
Trainable params: 564,426
Non-trainable params: 0

None

Epoch 1/10
250/250 - 3s - loss: 1.5951 - accuracy: 0.4309 - val_loss: 1.3205 - val_accuracy: 0.5338
Epoch 2/10
250/250 - 2s - loss: 1.2084 - accuracy: 0.5773 - val_loss: 1.1390 - val_accuracy: 0.6036
Epoch 3/10
250/250 - 2s - loss: 1.0629 - accuracy: 0.6299 - val_loss: 1.0451 - val_accuracy: 0.6354
Epoch 4/10
250/250 - 2s - loss: 0.9724 - accuracy: 0.6632 - val_loss: 0.9475 - val_accuracy: 0.6700
Epoch 5/10
250/250 - 2s - loss: 0.8924 - accuracy: 0.6920 - val_loss: 0.9529 - val_accuracy: 0.6713
Epoch 6/10
250/250 - 2s - loss: 0.8429 - accuracy: 0.7073 - val_loss: 0.9051 - val_accuracy: 0.6876
Epoch 7/10
250/250 - 2s - loss: 0.7844 - accuracy: 0.7292 - val_loss: 0.8758 - val_accuracy: 0.7025
Epoch 8/10
250/250 - 2s - loss: 0.7415 - accuracy: 0.7430 - val_loss: 0.8930 - val_accuracy: 0.6945
Epoch 9/10
250/250 - 2s - loss: 0.6986 - accuracy: 0.7596 - val_loss: 0.8471 - val_accuracy: 0.7133
Epoch 10/10
250/250 - 2s - loss: 0.6614 - accuracy: 0.7705 - val_loss: 0.8460 - val_accuracy: 0.7205
313/313 [==============================] - 1s 3ms/step - loss: 0.8460 - accuracy: 0.7205
正確率 0.7204999923706055
```

step 03 | 繪製模組正確率圖與損失值圖

繪製訓練過程的模組正確率圖與損失值圖。

行數	程式碼
1	`plt.plot(history.history['accuracy'])`
2	`plt.plot(history.history['val_accuracy'])`
3	`plt.ylabel('Accuracy')`
4	`plt.xlabel('Epoch')`
5	`plt.legend(['Train', 'Test'], loc='upper left')`
6	`plt.show()`
7	`plt.plot(history.history['loss'])`
8	`plt.plot(history.history['val_loss'])`
9	`plt.ylabel('Loss')`
10	`plt.xlabel('Epoch')`
11	`plt.legend(['Train', 'Test'], loc='upper left')`
12	`plt.show()`

🧊 程式說明

+ 第 1 行：取出訓練過程中訓練資料的正確率，使用 plot 繪製到圖表上。

+ 第 2 行：取出訓練過程中測試資料的正確率，使用 plot 繪製到圖表上。

+ 第 3 到 4 行：Y 軸標籤為「Accuracy」，X 軸標籤為「Epoch」。

+ 第 5 行：在左上角設定圖説。

+ 第 6 行：繪製模組正確率圖到螢幕上。

+ 第 7 行：取出訓練過程中訓練資料的損失值，使用 plot 繪製到圖表上。

+ 第 8 行：取出訓練過程中測試資料的損失值，使用 plot 繪製到圖表上。

+ 第 9 到 10 行：Y 軸標籤為「Loss」，X 軸標籤為「Epoch」。

+ 第 11 行：在左上角設定圖説。

+ 第 12 行：繪製模組損失值圖到螢幕上。

❖ 執行結果

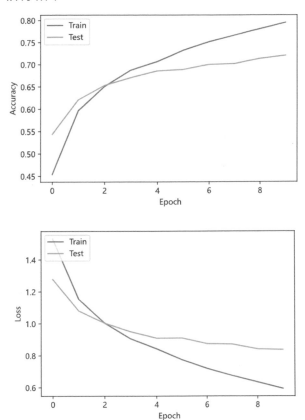

　　可以發現訓練集的正確率與測試集的正確率大約 75% 左右，屬於 Underfit（乏適），表示訓練不足，需要使用更多層的卷積神經網路。

12-2 使用更複雜的卷積神經網路辨識 Cifar-10 圖庫

　　【12-2 使用更複雜的卷積神經網路辨識 Cifar-10 圖庫.ipynb】本範例接續前一節，使用更複雜的卷積神經網路，表示增加卷積層與卷積核個數，是否能提升識別 Cifar-10 圖庫的正確率。

step01 匯入資料與修改資料

與前一節相同,請參考第 12-2 頁。

step02 建立模型、訓練模型與評估模型

使用 Sequential 建立模型、訓練模型與評估模型。

行數	程式碼
1	`model = Sequential()`
2	`model.add(Conv2D(64, (3, 3), input_shape=(32, 32, 3), padding='same',activation='relu'))`
3	`model.add(Conv2D(64, (3, 3), activation='relu', padding='same'))`
4	`model.add(MaxPooling2D(pool_size=(2, 2), strides=(2, 2)))`
5	`model.add(Conv2D(128, (3, 3), activation='relu', padding='same'))`
6	`model.add(Conv2D(128, (3, 3), activation='relu', padding='same'))`
7	`model.add(MaxPooling2D(pool_size=(2, 2), strides=(2, 2)))`
8	`model.add(Conv2D(128, (3, 3), activation='relu', padding='same'))`
9	`model.add(Conv2D(128, (3, 3), activation='relu', padding='same'))`
10	`model.add(MaxPooling2D(pool_size=(2, 2), strides=(2, 2)))`
11	`model.add(Flatten())`
12	`model.add(Dense(512, activation='relu'))`
13	`model.add(Dense(10, activation='softmax'))`
14	`model.compile(optimizer='adam', loss='categorical_crossentropy', metrics=['accuracy'])`
15	`print(model.summary())`
16	`history = model.fit(train_X, train_y2, validation_data=(test_X, test_y2), epochs=10, batch_size=200, verbose=2)`
17	`scores = model.evaluate(test_X, test_y2)`
18	`print("正確率",scores[1])`

◈ 程式說明

✦ 第 1 行:使用 Sequential 建立卷積神經網路模組。

✦ 第 2 行:使用 Conv2D 新增二維的卷積層,使用 3x3 的卷積核 (Kernel),使用 64 個卷積核,設定 padding 為 same,設定

激勵函式為 relu，輸入圖片維度為 (32,32,3)，3 表示頻道（channel）個數，因為彩色相片的每個像素由 3 個 byte 組成。

✦ 第 3 行：使用 Conv2D 新增二維的卷積層，使用 3x3 的卷積核（Kernel），使用 64 個卷積核，設定 padding 為 same，設定激勵函式為 relu。

✦ 第 4 行：使用 MaxPooling2D 新增二維的 MaxPooling，設定感應範圍為 2x2，每次向右或向下移動 2 格。

✦ 第 5 行：使用 Conv2D 新增二維的卷積層，使用 3x3 的卷積核（Kernel），使用 128 個卷積核，設定 padding 為 same，設定激勵函式為 relu。

✦ 第 6 行：使用 Conv2D 新增二維的卷積層，使用 3x3 的卷積核（Kernel），使用 128 個卷積核，設定 padding 為 same，設定激勵函式為 relu。

✦ 第 7 行：使用 MaxPooling2D 新增二維的 MaxPooling，設定感應範圍為 2x2，每次向右或向下移動 2 格。

✦ 第 8 到 10 行：重複第 5 到 7 行程式碼。

✦ 第 11 行：使用 Flatten 新增攤平層。

✦ 第 12 行：使用 Dense 新增全連接層，有 512 個神經元，使用 relu 為激勵函式。

✦ 第 13 行：使用 Dense 新增全連接層，有 10 個神經元，使用 softmax 為激勵函式。

✦ 第 14 行：設定優化器為 adam，設定損失函式為 categorical_crossentropy，表示此模型為多類別分類。設定 metrics 為 accuracy，表示訓練過程要紀錄每次訓練的正確率。

✦ 第 15 行：使用函式 summary 輸出整個模組的摘要。

✦ 第 16 行：使用 train_X 為訓練資料集，train_y 為訓練目標集，設定 validation_data 為(test_X, test_y)，表示使用 test_X 為測試資料集，test_y 為測試目標集。所有輸入資料需要跑 10 次，每 200 筆輸入資料更新一次參數。設定 verbose 為 2，表示每個 epochs 輸出一個訓練紀錄。使用變數 history 接收訓練過程。

✦ 第 17 到 18 行：使用 evaluate 輸入測試資料 test_X 與 test_y2 評估模型的正確率，將評估結果指定給變數 score，顯示變數 score 的第二個元素，表示顯示正確率。

執行結果

Layer (type)	Output Shape	Param #
conv2d_20 (Conv2D)	(None, 32, 32, 64)	1792
conv2d_21 (Conv2D)	(None, 32, 32, 64)	36928
max_pooling2d_17 (MaxPooling	(None, 16, 16, 64)	0
conv2d_22 (Conv2D)	(None, 16, 16, 128)	73856
conv2d_23 (Conv2D)	(None, 16, 16, 128)	147584
max_pooling2d_18 (MaxPooling	(None, 8, 8, 128)	0
conv2d_24 (Conv2D)	(None, 8, 8, 128)	147584
conv2d_25 (Conv2D)	(None, 8, 8, 128)	147584
max_pooling2d_19 (MaxPooling	(None, 4, 4, 128)	0
flatten_8 (Flatten)	(None, 2048)	0
dense_16 (Dense)	(None, 512)	1049088
dense_17 (Dense)	(None, 10)	5130

Total params: 1,609,546

```
Epoch 1/10
250/250 - 9s - loss: 1.6108 - accuracy: 0.4056 - val_loss: 1.2367 - val_accuracy: 0.5559
Epoch 2/10
250/250 - 8s - loss: 1.0697 - accuracy: 0.6164 - val_loss: 0.9782 - val_accuracy: 0.6586
Epoch 3/10
250/250 - 8s - loss: 0.8071 - accuracy: 0.7172 - val_loss: 0.8007 - val_accuracy: 0.7193
Epoch 4/10
250/250 - 8s - loss: 0.6449 - accuracy: 0.7716 - val_loss: 0.7177 - val_accuracy: 0.7475
Epoch 5/10
250/250 - 8s - loss: 0.5238 - accuracy: 0.8176 - val_loss: 0.6692 - val_accuracy: 0.7720
Epoch 6/10
250/250 - 8s - loss: 0.4207 - accuracy: 0.8522 - val_loss: 0.6394 - val_accuracy: 0.7865
Epoch 7/10
250/250 - 8s - loss: 0.3311 - accuracy: 0.8840 - val_loss: 0.6600 - val_accuracy: 0.7910
Epoch 8/10
250/250 - 8s - loss: 0.2491 - accuracy: 0.9113 - val_loss: 0.7548 - val_accuracy: 0.7810
Epoch 9/10
250/250 - 8s - loss: 0.1857 - accuracy: 0.9350 - val_loss: 0.7984 - val_accuracy: 0.7894
Epoch 10/10
250/250 - 8s - loss: 0.1355 - accuracy: 0.9528 - val_loss: 0.9097 - val_accuracy: 0.7913
313/313 [==============================] - 2s 4ms/step - loss: 0.9097 - accuracy: 0.7913
正確率 0.7912999987602234
```

step 03　繪製模組正確率與損失值圖

繪製訓練過程的模組正確率圖與損失值圖。

行數	程式碼
1	plt.plot(history.history['accuracy'])
2	plt.plot(history.history['val_accuracy'])
3	plt.ylabel('Accuracy')
4	plt.xlabel('Epoch')
5	plt.legend(['Train', 'Test'], loc='upper left')
6	plt.show()
7	plt.plot(history.history['loss'])
8	plt.plot(history.history['val_loss'])
9	plt.ylabel('Loss')
10	plt.xlabel('Epoch')
11	plt.legend(['Train', 'Test'], loc='upper left')
12	plt.show()

🔷 程式說明

✦ 第 1 行：取出訓練過程中訓練資料的正確率，使用 plot 繪製到圖
表上。

✦ 第 2 行：取出訓練過程中測試資料的正確率，使用 plot 繪製到圖表上。

✦ 第 3 到 4 行：Y 軸標籤為「Accuracy」，X 軸標籤為「Epoch」。

✦ 第 5 行：在左上角設定圖說。

✦ 第 6 行：繪製模組正確率圖到螢幕上。

✦ 第 7 行：取出訓練過程中訓練資料的損失值，使用 plot 繪製到圖表上。

✦ 第 8 行：取出訓練過程中測試資料的損失值，使用 plot 繪製到圖表上。

✦ 第 9 到 10 行：Y 軸標籤為「Loss」，X 軸標籤為「Epoch」。

✦ 第 11 行：在左上角設定圖說。

✦ 第 12 行：繪製模組損失值圖到螢幕上。

🔷 執行結果

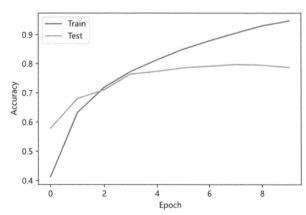

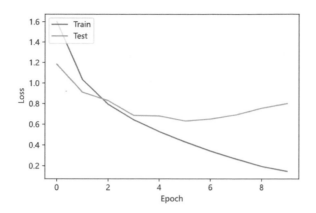

可以發現訓練集的正確率已經到 95%以上，而測試集的正確率大約 75%左右，無法再提升，表示模型對於訓練資料有很好的辨識成功率，但測試資料辨識成功率沒有對應地提升，此現象屬於 **Overfit**（過適），表示訓練過度。

step04　儲存模組與載入模組

將模組的參數儲存起來，就不需要重新訓練，下一次可以直接載入使用。

行數	程式碼
1	model.save('cifar_model')
2	model = load_model('cifar_model')

💧 程式說明

* ✦ 第 1 行：使用函式 save 儲存模型到資料夾 cifar_model。
* ✦ 第 2 行：使用函式 load_model 載入資料夾 cifar_model 到模型。

step05　建立混淆矩陣

使用混淆矩陣找出辨識錯誤的類別與個數。

行數	程式碼
1	`pred_y = model.predict(test_X)`
2	`pred_y = np.argmax(pred_y, axis=1)`
3	`test_y2 = test_y.flatten()`
4	`pd.crosstab(test_y2, pred_y, rownames=['label'], colnames=['predict'])`

🔷 程式說明

✦ 第 1 行：使用函式 predict 進行模型預測，以 test_X 為輸入，變數結果儲存到變數 pred_y

✦ 第 2 行：此時變數 pred_y 為 one-hot 編碼，使用函式 argmax 輸入變數 pred_y 還原回數字。

✦ 第 3 行：使用函式 flatten 將二維陣列 test_y 轉換成一維陣列 test_y2。

✦ 第 4 行：使用函式 crosstab 比較目標結果 test_y2 與預測結果 pred_y，產生混淆矩陣。

🔷 執行結果

predict	0	1	2	3	4	5	6	7	8	9
label										
0	859	22	27	20	7	5	5	9	32	14
1	11	906	3	2	0	5	8	1	22	42
2	70	3	706	56	46	44	45	15	12	3
3	22	15	90	601	25	126	71	24	12	14
4	29	5	73	66	704	34	40	42	3	4
5	14	2	39	169	33	667	33	34	5	4
6	6	3	37	44	14	13	876	3	3	1
7	18	5	31	33	42	40	9	804	3	15
8	61	20	9	11	1	4	4	4	869	17
9	34	70	8	7	2	3	11	7	20	838

step06　顯示圖片與模型預測結果

將圖片顯示在螢幕上，並顯示原本類別與模型預測的類別。

行數	程式碼
1	`model = load_model('cifar_model')`
2	`dic = {0:"飛機",1:"汽車",2:"鳥",3:"貓",4:"鹿",5:"狗",6:"青蛙",7:"馬",8:"船",9:"卡車"}`
3	`def draw_pic(pics, y, pred_y, index): #一行 5 個`
4	`    for i in range(5):`
5	`        fig=plt.gcf()`
6	`        fig.set_size_inches(12,1)`
7	`        ax=plt.subplot(1,5,i+1)`
8	`        ax.imshow(np.reshape(pics[index+i],(32,32,3)), cmap='binary')`
9	`        title="原始為 " +str(dic[y[index+i]])`
10	`        title+="預估為"+str(dic[pred_y[index+i]])`
11	`        ax.set_title(title,fontsize=10)`
12	`        ax.set_xticks([])`
13	`        ax.set_yticks([])`
14	`    plt.show()`
15	`test_y2 = test_y.flatten()`
16	`pred_y = model.predict(test_X)`
17	`pred_y = np.argmax(pred_y, axis=1)`
18	`for i in range(0,25,5):`
19	`    draw_pic(test_X, test_y2, pred_y, i)`

🔶 程式說明

✦ 第 1 行：使用 load_model 載入本節範例模型 cifar_model。

✦ 第 2 行：字典 dic 儲存 Cifar-10 圖庫的分類編號與名稱。

✦ 第 3 到 14 行：自訂函式 draw_pic 用於顯示圖片，每列 5 張圖片，並標示原始分類與辨識後分類。

✦ 第 4 到 13 行：使用 for 迴圈執行跑 5 次，每次顯示一張圖片，迴圈變數 i 由 0 到 4，每次遞增 1。

✦ 第 5 行：使用函式 gcf 新增一個圖片。

+ 第 6 行：設定圖片大小為寬 12 英寸，高 1 英寸。

+ 第 7 行：使用 subplot 劃分成 1 列 5 欄，每張圖片放在編號 i+1 的位置，表示由左到右依序擺放。

+ 第 8 行：使用 imshow 顯示圖片，將輸入手寫數字陣列 pics 第 index+i 個元素，轉換維度為 32x32x3，設定 cmap 為 binary。

+ 第 9 到 10 行：設定標題為原始分類名稱與辨識後的分類名稱

+ 第 11 行：設定標題字體大小為 10。

+ 第 12 到 13 行：不顯示 X 軸刻度與 Y 軸刻度。

+ 第 14 行：使用迴圈新增一列五張圖片後，使用函式 show 顯示在螢幕上。

+ 第 15 行：使用函式 flatten 將二維陣列 test_y 轉換成一維陣列 test_y2。

+ 第 16 行：使用函式 predict 進行模型預測，以 test_X 為輸入，變數結果儲存到變數 pred_y。

+ 第 17 行：此時變數 pred_y 為 one-hot 編碼，使用函式 argmax 輸入變數 pred_y 還原回數值。

+ 第 18 到 19 行：使用 for 迴圈呼叫函式 draw_pic 顯示前 25 個圖片到螢幕上。

🔖 執行結果

原始為貓預估為貓　原始為船預估為船　原始為船預估為船　原始為飛機預估為飛機　原始為青蛙預估為青蛙

原始為青蛙預估為青蛙　原始為汽車預估為汽車　原始為青蛙預估為青蛙　原始為貓預估為貓　原始為汽車預估為汽車

原始為飛機預估為飛機　原始為卡車預估為卡車　原始為狗預估為貓　原始為馬預估為馬　原始為卡車預估為卡車

我們可以發現這些圖片寬度 32 像素，高度 32 像素實在太小，有些圖片連人都無法辨識，本範例模型能夠成功辨識約 78%的圖片，還能夠接受。

step07 顯示辨識錯誤的圖片

找出辨識錯誤的前 10 個圖片，並顯示在螢幕上。

行數	程式碼
1	`model = load_model('cifar_model')`
2	`dic = {0:"飛機",1:"汽車",2:"鳥",3:"貓",4:"鹿",5:"狗",6:"青蛙",7:"馬",8:"船",9:"卡車"}`
3	`def draw_one_pic(pics, y, pred_y, index):`
4	`    fig=plt.gcf()`
5	`    fig.set_size_inches(1,1)`
6	`    ax=plt.subplot(1,1,1)`
7	`    ax.imshow(np.reshape(pics[index],(32,32,3)), cmap='binary')`
8	`    title="原始為" +str(dic[y])`
9	`    title+="預估為"+str(dic[pred_y])`
10	`    ax.set_title(title,fontsize=10)`
11	`    ax.set_xticks([])`
12	`    ax.set_yticks([])`
13	`    plt.show()`
14	`test_y2= test_y.flatten()`
15	`pred_y = model.predict(test_X)`

行數	程式碼
16	`pred_y = np.argmax(pred_y, axis=1)`
17	`df = pd.DataFrame({"label":test_y2, "pred":pred_y})`
18	`df_diff = df[df.label != df.pred]`
19	`df_diff10 = df_diff[:10]`
20	`for i in df_diff10.index:`
21	`    draw_one_pic(test_X, df_diff10.label[i], df_diff10.pred[i], i)`

💠 程式說明

+ 第 1 行：使用 load_model 載入本節範例模型 cifar_model。

+ 第 2 行：字典 dic 儲存 Cifar-10 圖庫的分類編號與名稱。

+ 第 3 到 13 行：自訂函式 draw_one_pic 用於顯示一張圖片，並標示原始分類與辨識後分類。

+ 第 4 行：使用函式 gcf 新增一個圖片。

+ 第 5 行：設定圖片大小為寬 1 英寸，高 1 英寸。

+ 第 6 行：使用 subplot 劃分成 1 列 1 欄，每張圖片放在編號 1 的位置。

+ 第 7 行：使用 imshow 顯示圖片，將圖片陣列 pics 第 index 個元素，維度為 32x32x3，設定 cmap 為 binary。

+ 第 8 到 9 行：設定標題為原始分類名稱與辨識後的分類名稱。

+ 第 10 行：設定標題字體大小為 10。

+ 第 11 到 12 行：不顯示 X 軸刻度與 Y 軸刻度。

+ 第 13 行：使用函式 show 顯示圖片到螢幕上。

+ 第 14 行：使用函式 flatten 將二維陣列 test_y 轉換成一維陣列 test_y2。

+ 第 15 行：使用函式 predict 進行模型預測，以 test_X 為輸入，變數結果儲存到變數 pred_y。

✦ 第 16 行：此時變數 pred_y 為 one-hot 編碼，使用函式 argmax 輸入變數 pred_y 還原回數值。

✦ 第 17 行：建立一個資料集 df，欄位 label 對應變數 test_y2，欄位 pred 對應變數 pred_y。

✦ 第 18 行：比較欄位 label 與欄位 pred 的不同之處，資料集 df_diff 參考到欄位 label 與欄位 pred 不相同的元素。

✦ 第 19 行：從資料集 df_diff 取前 10 個到資料集 df_diff10。

✦ 第 20 到 21 行：使用 for 迴圈取出陣列 df_diff10 所有元素，使用函式 draw_one_pic 顯示該索引值的圖片。

◆ 執行結果

版面關係只顯示前 3 個結果。

原始為狗預估為貓

原始為船預估為青蛙

原始為狗預估為鹿

step**08** 顯示每一層的設定

顯示模組的每一層名稱與卷積核個數，與每一層的詳細設定。

行數	程式碼
1	`model = load_model('cifar_model')`
2	`for i in range(len(model.layers)):`
3	`    print("========================================================")`
4	`    if 'conv' in  model.layers[i].name:`
5	`        print(i,"名稱", model.layers[i].name, "卷積核", model.layers[i].filters)`
6	`    else:`
7	`        print(i,"名稱", model.layers[i].name)`
8	`    print("設定為", model.layers[i].get_config())`

程式說明

+ 第 1 行：使用函式 load_model 載入模型 cifar_model。

+ 第 2 到 8 行：使用 for 迴圈找出卷積神經網路的每一層。

+ 第 3 行：印出分隔線。

+ 第 4 到 7 行：若該層的名字有出現「conv」，則顯示該層名稱與卷積核個數，否則只顯示名稱。

+ 第 8 行：顯示該層的設定。

執行結果

```
========================================================
0 名稱 conv2d_34 卷積核 64
設定為 {'name': 'conv2d_34', 'trainable': True, 'batch_input_shape': (None, 32, 32, 3), 'dtype': 'float32',
========================================================
1 名稱 conv2d_35 卷積核 64
設定為 {'name': 'conv2d_35', 'trainable': True, 'dtype': 'float32', 'filters': 64, 'kernel_size': (3, 3), '
========================================================
2 名稱 max_pooling2d_25
設定為 {'name': 'max_pooling2d_25', 'trainable': True, 'dtype': 'float32', 'pool_size': (2, 2), 'padding':
========================================================
3 名稱 conv2d_36 卷積核 128
設定為 {'name': 'conv2d_36', 'trainable': True, 'dtype': 'float32', 'filters': 128, 'kernel_size': (3, 3),
========================================================
4 名稱 conv2d_37 卷積核 128
設定為 {'name': 'conv2d_37', 'trainable': True, 'dtype': 'float32', 'filters': 128, 'kernel_size': (3, 3),
========================================================
5 名稱 max_pooling2d_26
設定為 {'name': 'max_pooling2d_26', 'trainable': True, 'dtype': 'float32', 'pool_size': (2, 2), 'padding':
========================================================
```

step**09** 印出卷積核

印出卷積神經網路的卷積核。

行數	程式碼
1	`model = load_model('cifar_model')`
2	`def show_filter(n):`
3	`    filters, biases = model.layers[n].get_weights()`
4	`    print(filters.shape)`
5	`    print(filters)`
6	`show_filter(0)`

🔷 程式說明

✦ 第1行：使用函式 load_model 載入模型 cifar_model。

✦ 第2到5行：定義函式 show_filters，顯示卷積核的數值。

✦ 第3行：呼叫函式 get_weights 會回傳模組的卷積核參數與位移量，卷積核參數回傳給 filters，位移量回傳給 biases。

✦ 第4到5行：顯示卷積核的維度與數值。

✦ 第6行：顯示第一層的卷積核數值到螢幕上。

🔷 執行結果

```
(3, 3, 3, 64)
[[[[ 5.48623838e-02  3.53051424e-02  3.81050422e-03 ...  4.01282720e-02
    -8.59406292e-02  1.45001739e-01]
   [-9.43921730e-02 -8.16621855e-02  9.22861025e-02 ...  9.19443592e-02
     4.49092500e-02  1.41804278e-01]
   [-1.18994705e-01 -5.28968908e-02  4.99133803e-02 ...  7.47628361e-02
    -2.06869785e-02 -5.18665090e-02]]

  [[-7.20715597e-02  6.81296587e-02  1.06000125e-01 ...  3.42977308e-02
    -1.04231134e-01 -3.99776138e-02]
   [ 9.71689075e-03  1.02386840e-01 -5.17542288e-02 ... -4.85295523e-03
     5.43627068e-02  4.56256345e-02]
   [ 2.67720725e-02 -6.86705634e-02 -6.42845109e-02 ... -3.58030945e-02
     3.47561464e-02 -7.75930434e-02]]
```


step**10** 顯示卷積核所辨別出來的影像

顯示卷積核所辨別出來的影像到螢幕上。

行數	程式碼
1	model = load_model('cifar_model')
2	def show_pic(x):
3	fig=plt.gcf()
4	fig.set_size_inches(0.8,0.8)
5	ax=plt.subplot(1,1,1)
6	ax.imshow(np.reshape(x, (32,32,3)), cmap='binary')
7	title="pic"
8	ax.set_title(title,fontsize=10)
9	ax.set_xticks([])
10	ax.set_yticks([])
11	plt.show()
12	model2 = Model(inputs=model.inputs, outputs=model.layers[4].output)
13	model2.summary()
14	show_pic(train_X[1])
15	img = train_X[1].reshape(1, 32, 32, 3)
16	pred_img = model2.predict(img)
17	c = 1
18	plt.figure(figsize=(10,8))
19	for i in range(8):
20	for j in range(8):
21	ax = plt.subplot(8, 8, c)
22	ax.set_xticks([])
23	ax.set_yticks([])
24	plt.imshow(pred_img[0, :, :, c-1])
25	c += 1
26	plt.show()

🔷 程式說明

✦ 第 1 行：使用函式 load_model 載入模型 cifar_model。

✦ 第 2 到 11 行：自訂函式 show_pic。

✦ 第 3 行：使用函式 gcf 新增一個圖片。

✦ 第 4 行：設定圖片大小為寬 0.8 英寸，高 0.8 英寸。

✦ 第 5 行：使用 subplot 劃分成 1 列 1 欄，圖片放在編號 1 的位置。

✦ 第 6 行：使用 imshow 顯示圖片，輸入圖片陣列 x，將圖片陣列 x 重新調整為寬度 32 個點，高度 32 個點的彩色照片，設定 cmap 為 binary。

✦ 第 7 行：設定圖片標題為「pic」。

✦ 第 8 行：設定標題字體大小為 10。

✦ 第 9 到 10 行：不顯示 X 軸刻度與 Y 軸刻度。

✦ 第 11 行：使用函式 show 顯示圖片到螢幕上。

✦ 第 12 行：設定 outputs 為 model.layers[4].output，輸出卷積神經網路的第五層。

✦ 第 13 行：使用函式 summary 顯示模組的摘要。

✦ 第 14 行：使用函式 show_pic 顯示圖片 train_X[1] 到螢幕上。

✦ 第 15 行：將 train_X[1] 的維度轉換成 (1, 32, 32, 3)，變數 img 參考到此結果。

✦ 第 16 行：使用函式 predict 輸入變數 img 進行預測，變數 pred_img 參考到此結果。

✦ 第 17 行：設定變數 c 為 1。

✦ 第 18 行：設定圖片大小為寬 10 英寸，高 8 英寸。

✦ 第 19 到 25 行：使用巢狀迴圈顯示 64 個卷積核運算結果，使用函式 subplot 分割圖片為 8 列 8 欄，將圖片放在第 c 個位置（第 21 行），不顯示 X 軸刻度與 Y 軸刻度（第 22 到 23 行），顯示變數 pred_img 第 c-1 個元素（第 24 行），變數 c 遞增 1（第 25 行）。

✦ 第 26 行：使用函式 show 顯示圖片到螢幕上。

🔷 執行結果

Model: "model_1"

Layer (type)	Output Shape	Param #
conv2d_34_input (InputLayer)	[(None, 32, 32, 3)]	0
conv2d_34 (Conv2D)	(None, 32, 32, 64)	1792
conv2d_35 (Conv2D)	(None, 32, 32, 64)	36928
max_pooling2d_25 (MaxPooling	(None, 16, 16, 64)	0
conv2d_36 (Conv2D)	(None, 16, 16, 128)	73856
conv2d_37 (Conv2D)	(None, 16, 16, 128)	147584

Total params: 260,160
Trainable params: 260,160
Non-trainable params: 0

pic

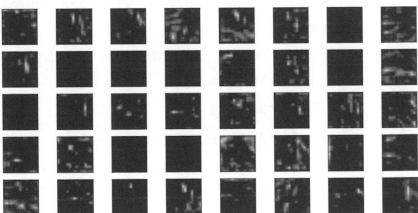

12-3 習題

一. 實作題

(一) 在 Kaggle 網站新增記事本與加入資料集

　　Kaggle 網站可以新增記事本執行 Python 程式，並可以加入 Kaggle 網站的資料集。本單元進行圖片辨識很耗系統資源，使用個人電腦執行一次訓練可能需要幾小時，需要啟用 Kaggle 網站提供的 GPU 協助運算，可在幾分鐘內完成，以下為操作步驟。

step01　新增記事本，登入 kaggle 網站，點選「Code -> New Notebook」。

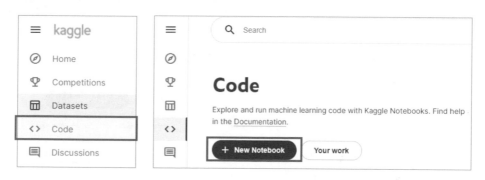

step02　新增資料及或圖庫，點選「Add data」。

搜尋「dogs」，點選「Dogs & Cats Images」右側的「Add」，就可以新增此圖庫。

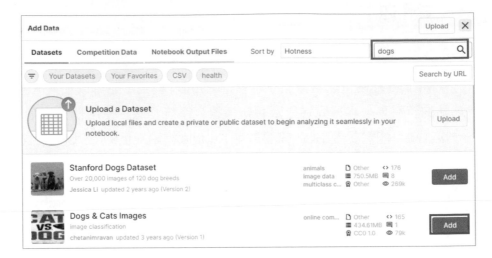

資料夾 dogs-cats-images 就會出現在 input 資料夾。

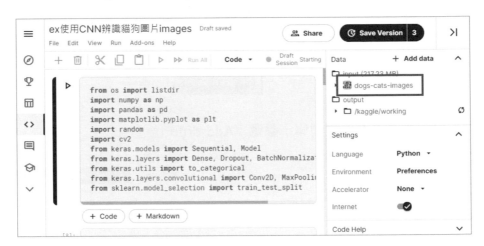

step03　啟動 GPU，點選 Accelerator 的「None」來啟動 GPU。

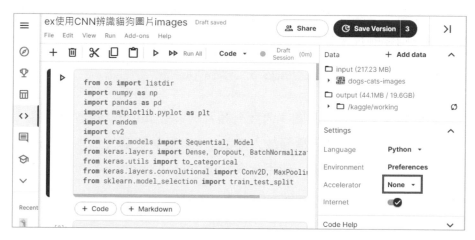

選取「GPU」

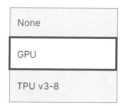

更換成「GPU」表示已經啟動 GPU 加速運算。

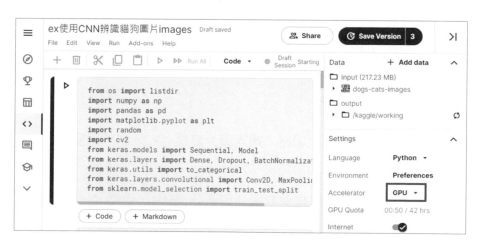

(二) 建立、訓練與評估卷積神經網路

在前一單元已經將以下圖庫匯入 Kaggle 記事本的 input 資料夾，該圖庫有兩類圖片，分別是貓與狗。

```
https://www.kaggle.com/chetankv/dogs-cats-images
```

使用以下程式，將圖庫內所有圖片轉換成 numpy 的數據資料，所有圖片放入變數 X，圖片標籤放入變數 y。如果下載圖片到本機，則需要安裝函式庫 cv2 讀取圖片，使用指令「pip install opencv-python」安裝 cv2 函式庫。

```python
import numpy as np
import cv2
p = '../input/dogs-cats-images/dataset/training_set/'
p1 = 'cats/'
p2 = 'dogs/'
paths = [p1, p2]
dic = {0:'Cat', 1:'Dog'}
X = []
y = []
for i, path in enumerate(paths):
    imgs = listdir(p+path)
    print("匯入", dic[i])
    for img in imgs:
        a = cv2.imread(p+path+img)
        a = cv2.resize(a,(128,128))
        a = np.array(a)
        X.append(a)
        y.append(i)
```

建立一個卷積神經網路，輸入圖片變數 X，分類標籤變數 y，辨識圖片的分類，撰寫程式完成以下功能：

1. 使用以下程式，隨機選取圖片變數 X 其中一張圖片，並顯示圖片與分類標籤到螢幕上。

```
choice = random.randint(0,len(X))
plt.imshow(X[choice])
plt.show()
print(dic[y[choice]])
```

2. 產生訓練資料集與測試資料集

(1) 將分類標籤變數 y 轉換成 one-hot 編碼。

(2) 隨機挑選輸入資料的 80% 為訓練資料集與剩餘 20% 為測試資料集。

3. 請使用 Sequential 建立卷積神經網路，並輸入訓練資料進行訓練，模型摘要如下，可以自行調整模型結構，找出適合的卷積神經網路模型。

```
Model: "sequential_1"
```

Layer (type)	Output Shape	Param #
conv2d_6 (Conv2D)	(None, 126, 126, 32)	896
conv2d_7 (Conv2D)	(None, 124, 124, 32)	9248
max_pooling2d_3 (MaxPooling2	(None, 62, 62, 32)	0
conv2d_8 (Conv2D)	(None, 60, 60, 64)	18496
conv2d_9 (Conv2D)	(None, 58, 58, 64)	36928
max_pooling2d_4 (MaxPooling2	(None, 29, 29, 64)	0
conv2d_10 (Conv2D)	(None, 27, 27, 64)	36928
conv2d_11 (Conv2D)	(None, 25, 25, 64)	36928
max_pooling2d_5 (MaxPooling2	(None, 12, 12, 64)	0
flatten_1 (Flatten)	(None, 9216)	0
dense_2 (Dense)	(None, 64)	589888
dense_3 (Dense)	(None, 2)	130

```
Total params: 729,442
Trainable params: 729,442
Non-trainable params: 0
```

4. 評估模型

(1) 使用測試資料評估模型的正確率。

(2) 繪製訓練過程中訓練資料與測試資料的正確率圖與損失值圖。

預先訓練的模型

先建立卷積神經網路模型,將圖片輸入模型進行訓練,達成不錯效果後,公布模型參數讓全世界使用者下載使用,稱作預先訓練的模型 (pre-trained models),例如:VGG16、VGG19 與 ResNet50。以下介紹 VGG16,VGG16 使用總共 16 層的卷積神經網路,其中 13 層卷積層與 3 層全連接層,從 ImageNet 取得 1 百萬張以上圖片進行模型訓練,分成 1000 個類別,每張圖片寬 224 像素高 224 像素,經過一個星期的計算才完成模型訓練。

在 keras 函式庫可以載入 VGG16 模型,程式碼如下。

```
from keras.applications.vgg16 import VGG16
model = VGG16(weights='imagenet', include_top=True)
```

📦 說明

✦ weights='imagenet',表示使用 ImageNet 參數初始化模型參數。

✦ include_top=True,表示包含全連結層。

13-1 使用 VGG16 辨識圖片

【13 使用模型 VGG16.ipynb】使用 VGG16 卷積神經網路辨識圖片，步驟如下。

step01 匯入 VGG16 模型

行數	程式碼
1	`from keras.applications.vgg16 import VGG16`
2	`from keras.preprocessing import image`
3	`from keras.applications.vgg16 import preprocess_input, decode_predictions`
4	`from keras.models import Model`
5	`import numpy as np`
6	`import matplotlib.pyplot as plt`
7	`model = VGG16(weights='imagenet', include_top=True)`

🔖 程式說明

✦ 第 1 到 6 行：匯入函式庫。

✦ 第 7 行：建立 VGG16 模型，使用 ImageNet 參數初始化模型參數。設定 include_top 為 True，表示包含全連結層。

step02 輸入圖片進行預測分類

行數	程式碼
1	`z = image.load_img('pic.jpg', target_size=(224, 224))`
2	`plt.imshow(z)`
3	`plt.show()`
4	`z = image.img_to_array(z)`
5	`z = np.array([z])`
6	`z = preprocess_input(z)`
7	`pred = model.predict(z)`
8	`print('取前五高的可能為', decode_predictions(pred, top=5)[0])`

🔷 程式說明

✦ 第 1 行：使用函式 load_img 載入圖片 pic.jpg，設定大小為寬度 224 像素，高度 224 像素。

✦ 第 2 到 3 行：使用函式 imshow 與 show 顯示圖片到螢幕上。

✦ 第 4 行：使用函式 img_to_array 讀取圖片，轉換成三維陣列。

✦ 第 5 行：使用函式 array([])，轉換成四維陣列。

✦ 第 6 行：使用函式 preprocess_input 將輸入 VGG16 資料進行預處理，可以提高卷積神經網路的運算效果。預處理將輸入值減去平均值，如果需要還可以除以標準差。

✦ 第 7 行：使用函式 predict 預估所屬類別，使用變數 pred 參考到此結果。

✦ 第 8 行：使用函式 decode_predictions 取出前五高的類別。

🔷 執行結果

取前五高的可能為 [('n03961711', 'plate_rack', 0.26760668), ('n03775546', 'mixing_bowl', 0.2338112
6), ('n04263257', 'soup_bowl', 0.09049499), ('n04332243', 'strainer', 0.04208954), ('n04447861',
'toilet_seat', 0.035320424)]

13-2 顯示 VGG16 模型的組成

【13 使用模型 VGG16.ipynb】顯示模型的卷積層、池化層、全連接層結構、卷積核的數值與卷積核的輸出影像。

step01 印出模組的摘要

行數	程式碼
1	model = VGG16()
2	model.summary()

💠 程式說明

+ 第 1 行：建立 VGG16 模型，使用變數 model 參考到此模型。

+ 第 2 行：使用函式 summary 輸出整個模組的摘要。

💠 執行結果

```
Model: "vgg16"

Layer (type)                 Output Shape              Param #
=================================================================
input_4 (InputLayer)         [(None, 224, 224, 3)]     0

block1_conv1 (Conv2D)        (None, 224, 224, 64)      1792

block1_conv2 (Conv2D)        (None, 224, 224, 64)      36928

block1_pool (MaxPooling2D)   (None, 112, 112, 64)      0

block2_conv1 (Conv2D)        (None, 112, 112, 128)     73856

block2_conv2 (Conv2D)        (None, 112, 112, 128)     147584

block2_pool (MaxPooling2D)   (None, 56, 56, 128)       0

block3_conv1 (Conv2D)        (None, 56, 56, 256)       295168

block3_conv2 (Conv2D)        (None, 56, 56, 256)       590080

block3_conv3 (Conv2D)        (None, 56, 56, 256)       590080

block3_pool (MaxPooling2D)   (None, 28, 28, 256)       0
```

block4_conv1 (Conv2D)	(None, 28, 28, 512)	1180160
block4_conv2 (Conv2D)	(None, 28, 28, 512)	2359808
block4_conv3 (Conv2D)	(None, 28, 28, 512)	2359808
block4_pool (MaxPooling2D)	(None, 14, 14, 512)	0
block5_conv1 (Conv2D)	(None, 14, 14, 512)	2359808
block5_conv2 (Conv2D)	(None, 14, 14, 512)	2359808
block5_conv3 (Conv2D)	(None, 14, 14, 512)	2359808
block5_pool (MaxPooling2D)	(None, 7, 7, 512)	0
flatten (Flatten)	(None, 25088)	0
fc1 (Dense)	(None, 4096)	102764544
fc2 (Dense)	(None, 4096)	16781312
predictions (Dense)	(None, 1000)	4097000

```
=================================================================
Total params: 138,357,544
Trainable params: 138,357,544
Non-trainable params: 0
```

step02 印出模組各卷積層的詳細設定

行數	程式碼
1	`for i in range(len(model.layers)):`
2	`    print("===============================================")`
3	`    if 'conv' in  model.layers[i].name:`
4	`        print(i,"名稱", model.layers[i].name, "卷積核", model.layers[i].filters)`
5	`    else:`
6	`        print(i,"名稱", model.layers[i].name)`
7	`    print("設定為", model.layers[i].get_config())`

程式說明

✦ 第 1 到 7 行： 使用 for 迴圈找出卷積神經網路的每一層。

✦ 第 2 行： 印出分隔線。

+ 第 3 到 6 行：若該層的名字有出現「conv」，則顯示該層名稱與
  卷積核個數，否則只顯示名稱。

+ 第 7 行：顯示該層的設定。

◆ 執行結果

```
====================================================
0 名稱 input_3
設定為 {'batch_input_shape': (None, 224, 224, 3), 'dtype': 'float32', 'sparse': False, 'ragged':
False, 'name': 'input_3'}
====================================================
1 名稱 block1_conv1 卷積核 64
設定為 {'name': 'block1_conv1', 'trainable': True, 'dtype': 'float32', 'filters': 64, 'kernel_si
ze': (3, 3), 'strides': (1, 1), 'padding': 'same', 'data_format': 'channels_last', 'dilation_rat
e': (1, 1), 'groups': 1, 'activation': 'relu', 'use_bias': True, 'kernel_initializer': {'class_n
ame': 'GlorotUniform', 'config': {'seed': None}}, 'bias_initializer': {'class_name': 'Zeros', 'c
onfig': {}}, 'kernel_regularizer': None, 'bias_regularizer': None, 'activity_regularizer': None,
'kernel_constraint': None, 'bias_constraint': None}
====================================================
2 名稱 block1_conv2 卷積核 64
設定為 {'name': 'block1_conv2', 'trainable': True, 'dtype': 'float32', 'filters': 64, 'kernel_si
ze': (3, 3), 'strides': (1, 1), 'padding': 'same', 'data_format': 'channels_last', 'dilation_rat
e': (1, 1), 'groups': 1, 'activation': 'relu', 'use_bias': True, 'kernel_initializer': {'class_n
ame': 'GlorotUniform', 'config': {'seed': None}}, 'bias_initializer': {'class_name': 'Zeros', 'c
```

step03 找出模組的卷積核

行數	程式碼
1	`def show_filter(n):`
2	`    filters, biases = model.layers[n].get_weights()`
3	`    print(filters.shape)`
4	`    print(filters)`
5	`show_filter(1)`

◆ 程式說明

+ 第 1 到 4 行：定義函式 show_filters，顯示卷積核的數值。

+ 第 2 行：呼叫函式 get_weights 會回傳模組的卷積核參數與位移
  量，卷積核參數回傳給 filters，位移量回傳給 biases。

+ 第 3 到 4 行：顯示卷積核的維度與數值。

+ 第 5 行：顯示第二層的卷積核數值到螢幕上。

◆ 執行結果

```
(3, 3, 3, 64)
[[[[ 4.29470569e-01  1.17273867e-01  3.40129584e-02 ... -1.32241577e-01
    -5.33475243e-02  7.57738389e-03]
  [ 5.50379455e-01  2.08774377e-02  9.88311544e-02 ... -8.48205537e-02
    -5.11389151e-02  3.74943428e-02]
  [ 4.80015397e-01 -1.72696680e-01  3.75577137e-02 ... -1.27135560e-01
    -5.02991639e-02  3.48965675e-02]]

 [[ 3.73466998e-01  1.62062630e-01  1.70863140e-03 ... -1.48207128e-01
    -2.35300660e-01 -6.30356818e-02]
  [ 4.40074533e-01  4.73412387e-02  5.13819456e-02 ... -9.88498852e-02
    -2.96195745e-01 -7.04357103e-02]
  [ 4.08547401e-01 -1.70375049e-01 -4.96297423e-03 ... -1.22360572e-01
    -2.76450396e-01 -3.90796512e-02]]

 [[-6.13601133e-02  1.35693997e-01 -1.15694344e-01 ... -1.40158370e-01
    -3.77666801e-01 -3.00509870e-01]
  [-8.13870355e-02  4.18543853e-02 -1.01763301e-01 ... -9.43124294e-02
    -5.05662560e-01 -3.83694321e-01]
  [-6.51455522e-02 -1.54351532e-01 -1.38038069e-01 ... -1.29404560e-01
    -4.62243795e-01 -3.23985279e-01]]]]
```

step04 顯示某一層經由卷積核（filter）所辨別出來的影像

行數	程式碼
1	`model = VGG16()`
2	`model2 = Model(inputs=model.inputs, outputs=model.layers[2].output)`
3	`model2.summary()`
4	`img = image.load_img('pic.jpg', target_size=(224, 224))`
5	`plt.imshow(img)`
6	`img = image.img_to_array(img)`
7	`img = np.array([img])`
8	`img = preprocess_input(img)`
9	`pred_img = model2.predict(img)`
10	`c = 1`
11	`plt.figure(figsize=(10,8))`
12	`for i in range(8):`
13	`    for j in range(8):`
14	`        ax = plt.subplot(8, 8, c)`
15	`        ax.set_xticks([])`
16	`        ax.set_yticks([])`

行數	程式碼
17	`        plt.imshow(pred_img[0, :, :, c-1], cmap='gray')`
18	`        c += 1`
19	`plt.show()`

🔷 程式說明

- ✦ 第 1 行：建立 VGG16 模型，使用變數 model 參考到此模型。

- ✦ 第 2 行：設定 outputs 為 model.layers[2].output，輸出卷積神經網路的第三層。

- ✦ 第 3 行：使用函式 summary 顯示模組的摘要。

- ✦ 第 4 行：使用函式 load_img 載入圖片 pic.jpg，設定大小為寬度 224 像素，高度 224 像素。

- ✦ 第 5 行：使用函式 imshow 顯示圖片到螢幕上。

- ✦ 第 6 行：使用函式 img_to_array 讀取圖片，轉換成三維陣列。

- ✦ 第 7 行：使用函式 array([])，轉換成四維陣列。

- ✦ 第 8 行：使用函式 preprocess_input 將輸入 VGG16 資料進行預處理，可以提高卷積神經網路的運算效果，預處理將輸入值減去平均值，如果需要還可以除以標準差。

- ✦ 第 9 行：使用函式 predict 計算特徵值。

- ✦ 第 10 行：設定變數 c 為 1。

- ✦ 第 11 行：設定圖片大小為寬 10 英寸，高 8 英寸。

- ✦ 第 12 到 18 行：使用巢狀迴圈顯示 64 個卷積核運算結果，使用函式 subplot 分割圖片為 8 列 8 欄，將圖片放在第 c 個位置（第 14 行）。不顯示 X 軸刻度與 Y 軸刻度（第 15 到 16 行）。顯示變數 pred_img 第 c-1 個元素（第 17 行）。變數 c 遞增 1（第 18 行）。

- ✦ 第 19 行：使用函式 show 顯示圖片到螢幕上。

執行結果

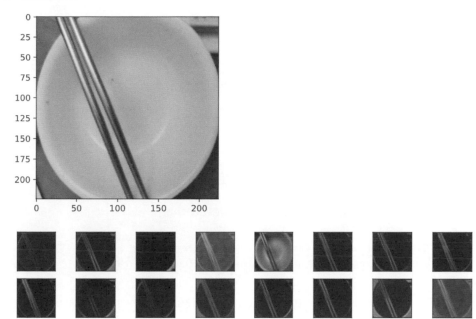

13-3 習題

一. 問答題

請説明預先訓練模型（pre-trained models）的功能與應用。

二. 實作題

使用模型 ResNet50 進行圖片辨識

使用以下程式載入模型 ResNet50。

```
from keras.applications.resnet50 import ResNet50
model = ResNet50(weights='imagenet', include_top=True)
```

載入預先訓練的模型 ResNet50，並使用模型辨識圖片，顯示模型的結構與辨識過程中卷積核所辨識出的圖片，撰寫程式完成以下功能。

1. 匯入圖片進行辨識

   請自行準備一張圖片，匯入模型 ResNet50 進行辨識，顯示機率最高的 5 個可能結果。

2. 顯示模型 ResNet50 每一層的名稱與設定值，檢視模型的組成。

3. 請顯示模型 ResNet50 的 model.layers[2].output 所辨識出的影像，參考程式如下：

```
model2 = Model(inputs=model.inputs, outputs=model.layers[2].output)
```

中文文字分析與中文語音相關功能實作

使用現有已經訓練過的套件（內含機器學習模型與參數）來進行中文文字分析與中文語音相關功能實作。本單元使用 Spacy 套件分析中文句子與產生文句的向量，Speech Recognition 套件進行中文語音辨識，gTTS 套件將中文轉換成語音。

14-1 使用 Spacy 分析中文句子

【14-1 與 14-2 中文文字相關功能.ipynb】Spacy 是自然語言處理函式庫，支援許多自然語言，包含英文、中文、日文、韓文、法文、德义等。Spacy 載入預先訓練的字詞向量與統計模型，分析語言的字詞屬性、文章斷句、產生文句的向量等。首先要安裝 Spacy，安裝指令如下：

```
pip install spacy
```

下載指定語言的模型，本範例使用中文模型 zh_core_web_lg。使用中文網頁、部落格與網路評論進行訓練，該模型包含 50 萬個關鍵字與 50 萬個向量，下載指令如下：

```
python -m spacy download zh_core_web_lg
```

使用 Spacy 分析中文句子，步驟如下：

step01 匯入 Spacy 中文模型

行數	程式碼
1	import spacy
2	nlp = spacy.load('zh_core_web_lg')

🟦 程式說明

✦ 第 1 行：匯入函式庫。

✦ 第 2 行：使用模組 spacy 的函式 load 載入中文模組
「zh_core_web_lg」，變數 nlp 參考此結果。

step02 輸入中文句子進行分析

行數	程式碼
1	s = "Python 的資料型別可以分成布林值、整數、浮點數與字串。程式的三個主要結構為循序結構、選擇結構與重複結構。"
2	result = nlp(s)
3	for r in result:
4	print(r.text, r.pos_)
5	for s in result.sents:
6	print(s.start, s.end)
7	print(s)

🟦 程式說明

✦ 第 1 行：設定變數 s 為「Python 的資料型別可以分成布林值、
整數、浮點數與字串。程式的三個主要結構為循序結構、選擇結
構與重複結構」。

✦ 第 2 行：分析變數 s，變數 result 參考到此結果。

✦ 第 3 到 4 行：使用迴圈顯示段落的中文字詞與字詞屬性。

✦ 第 5 到 7 行：使用迴圈顯示段落的中文斷句，並顯示起始索引值
　　與中止索引值，與該段落文字。

🔷 執行結果

```
Python NOUN          程式 NOUN
的 PART               的 PART
資料型 NOUN            三 NUM
別 SCONJ              個 NUM
可以 VERB             主要 ADV
分成 VERB             結 VERB
布林值 PROPN          構為 VERB
、 PUNCT             循序 VERB
整數 NOUN             結構 VERB
、 PUNCT             、 PUNCT
浮點 NOUN             選擇結 NOUN
數與 NOUN             構與 VERB
字串 NOUN             重複 ADJ
。 PUNCT             結構 NOUN
                     。 PUNCT
```

```
0 14
Python的資料型別可以分成布林值、整數、浮點數與字串。
14 29
程式的三個主要結構為循序結構、選擇結構與重複結構。
```

14-2　使用 Spacy 找出最相似的五個新聞標題

【14-1 與 14-2 中文文字相關功能.ipynb】預先至新聞網站抓取新聞
標題，分析新聞標題的向量，使用關鍵字進行搜尋，找出關鍵字最相似
的五個新聞標題。

step 01　匯入新聞標題

本範例新聞標題抓取自聯合新聞網（udn.com），儲存到檔案
news.txt，每列有兩個欄位，分別是新聞標題與網址，中間使用 tab 鍵隔
開。

行數	程式碼
1	import numpy as np
2	import pandas as pd
3	import spacy
4	df = pd.read_csv("news.txt", sep='\t')
5	df.columns = ['title','url']
6	print(df.head())
7	print(df.shape)
8	df = df.drop_duplicates(['title'])
9	print(df.shape)

程式說明

✦ 第 1 到 3 行：匯入函式庫。

✦ 第 4 行：使用模組 pandas 的函式 read_csv 讀取檔案 news.txt，使用 tab 鍵進行分割。

✦ 第 5 行：設定欄位名稱為「title」與「url」。

✦ 第 6 行：使用模組 pandas 的函式 head 印出前五列資料。

✦ 第 7 行：印出資料集的維度大小。

✦ 第 8 行：使用模組 pandas 的函式 drop_duplicates 刪除欄位 title 重複的資料。

✦ 第 9 行：印出資料集的維度大小。

執行結果

由第 7 行與第 9 行程式碼的輸出，可以知道刪除 217 筆重複資料。

```
                                      title                                                    url
0     海地總統遇刺全國戒嚴 外交部：領務暫停僑民均安      /news/story/6656/5588379?from=udn-relatednews_ch2
1   【重磅快評】環南「刺柯」羅生門？印證逆時中的下場      /news/story/6656/5588374?from=udn-relatednews_ch2
2     飆速打疫苗！5天1億劑的中國速度 怎麼做到的？      /news/story/6656/5588345?from=udn-relatednews_ch2
3         疫情下的暖心故事 台灣最美風景在這裡      /news/story/6656/5588303?from=udn-relatednews_ch2
4   戴上「台日友好」口罩 高雄綠營回應日本贈疫苗心意      /news/story/6656/5588203?from=udn-relatednews_ch2
(480, 2)
(263, 2)
```

step**02** 載入中文模組並分析新聞標題

行數	程式碼
1	nlp = spacy.load('zh_core_web_lg')
2	vec = np.array([nlp(item.title).vector for i, item in df.iterrows()])
3	print(vec.shape)
4	print(vec)

🎁 程式說明

✦ 第 1 行： 使用模組 spacy 的函式 load，載入預先訓練中文模組 zh_core_web_lg。

✦ 第 2 行：計算資料集 df 內每個標題的向量，儲存成陣列，變數 vec 參考到此結果。

✦ 第 3 到 4 行：顯示變數 vec 的維度大小與內容。

🎁 執行結果

```
(263, 300)
[[-0.08087546 -0.2894191    0.6596926  ...  0.35045907  0.9447199
   0.4289482 ]
 [-0.15634565  1.2084404    0.45873636 ... -0.00261731  0.2826863
   0.50182855]
 [ 0.23172998  2.3314798    1.2062472  ... -0.9074453  -0.721185
  -0.06473573]
 ...
 [-0.12861955  0.25991076   0.7831243  ...  0.08751357  1.0527636
   0.11464282]
 [-0.5736523   1.3118551    0.89972824 ... -0.20966744  0.00804325
   0.7161935 ]
 [ 0.5529815  -0.16686001   0.7568316  ...  0.48145387 -0.2503077
  -0.24507156]]
```

step**03** 儲存標題向量到檔案

將每個標題的向量儲存到檔案，下一次就不需要再重新分析，直接從檔案讀取即可。

行數	程式碼
1	`np.save('news.npy', vec)`
2	`vec = np.load('news.npy')`

🔷 程式說明

✦ 第 1 行：使用模組 numpy 的函式 save，儲存標題向量到檔案
news.npy。

✦ 第 2 行：使用模組 numpy 的函式 load，載入檔案 news.npy，使
用變數 vec 參考到此結果。

🔷 執行結果

產生檔案 news.npy。

step04 找出最相似的五個新聞標題

使用向量 cos 公式計算兩個向量的相似程度。假設向量 a 為 (x_1, y_1)，
向量 b 為 (x_2, y_2)，公式如下：

$$\cos(\theta) = \frac{x_1 \cdot x_2 + y_1 \cdot y_2}{\sqrt{x_1^2 + y_1^2} \cdot \sqrt{x_2^2 + y_2^2}}$$

θ 為兩向量的夾角，越接近 0 表示越相似，則 $\cos(\theta)$ 的數值越接近 1。

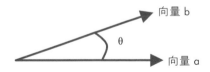

行數	程式碼
1	`search = "解封"`
2	`def cos(a, b):`
3	`    return np.dot(a, b)/(np.sqrt(a.dot(a))*np.sqrt(b.dot(b)))`
4	`svec = nlp(search).vector`
5	`mean = vec.mean(axis=0)`
6	`vec = vec - mean`
7	`svec = svec - mean`

行數	程式碼
8	`sims = np.array([cos(svec, v) for v in vec])`
9	`similar = sims.argsort()[::-1][0:5]`
10	`for i in similar:`
11	`    print(df.iloc[i].title)`

🔷 程式說明

✦ 第 1 行：設定變數 search 為「解封」。

✦ 第 2 到 3 行：定義函式 cos 計算文字向量的相似性，回傳值越接近 1 越相似。

✦ 第 4 行：找出變數 s 的向量，使用變數 svec 參考到此結果。

✦ 第 5 行：使用模組 numpy 的函式 mean 計算所有標題向量的平均，使用變數 mean 參考到此結果。

✦ 第 6 行：所有標題向量 vec 減去平均向量 mean。

✦ 第 7 行：向量 svec 減去平均向量 mean。

✦ 第 8 行：使用迴圈依序取出所有標題向量 vec 的每個向量到變數 v，使用自訂函式 cos 計算向量 svec 與向量 v 的相似。

✦ 第 9 行：使用模組 numpy 的函式 argsort 進行排序，取出最大的五個索引值。

✦ 第 10 到 11 行：使用迴圈顯示最相似的五個新聞標題。

🔷 執行結果

```
電影院解封補習班不行 補教業：排不到疫苗情何以堪？
中市議會不解封？綠營：為市府找藉口 藍營：別成破口
影／三級警戒再延長至7月26日 推微解封措施考驗人性
7月12日後全國解封或微解封？政院：目前沒有規劃
南投風景區業者面對解封憂喜參半 籲開放觀光疫苗接種
```

14-3 實作語音辨識與文字轉語音功能

【14-3 實作語音辨識與文字轉語音功能.ipynb】使用 Speech Recognition 套件進行語音辨識，從麥克風輸入語音轉換成文字。需要安裝 Speech Recognition 套件，指令如下：

```
pip install speechrecognition
```

需要安裝套件 pyaudio，指令如下：

```
pip install pipwin
pipwin install pyaudio
```

使用 gTTS 套件將文字轉換成語音，再經由 playsound 套件播放語音檔。需要安裝 gTTS 與 playsound 套件，指令如下：

```
pip install  gTTS  playsound
```

step01 中文語音辨識

使用 Speech Recognition 套件進行語音辨識。

行數	程式碼
1	import speech_recognition as sr
2	r = sr.Recognizer()
3	s = ''
4	while s != "再見":
5	try:
6	with sr.Microphone() as mic:
7	print("請說話")
8	audio = r.listen(mic)
9	s = r.recognize_google(audio, language="zh-TW")
10	print(s)
11	except sr.UnknownValueError:
12	print("無法辨識")

🎁 程式說明

✦ 第 1 行：匯入函式庫 speech_recognition，重新命名為 sr。

✦ 第 2 行：新增語音辨識功能 sr.Recognizer 到變數 r。

✦ 第 3 行：設定變數 s 為空字串。

✦ 第 4 到 12 行，使用 while 迴圈進行語音辨識，當迴圈變數 s 不等於「再見」繼續進行語音辨識。

✦ 第 5 到 12 行：為 try-except 結構，使用函式 Microphone 開啟麥克風（第 6 行），顯示「請說話」到螢幕上（第 7 行）。使用函式 listen 接收麥克風輸入的語音，變數 audio 參考到此結果（第 8 行）。使用函式 recognize_google，設定參數 language 為 zh-TW 表示繁體中文語音辨識，變數 s 參考到辨識結果（第 9 行），顯示變數 s 到螢幕上（第 10 行）。如果出現 UnknownValueError 錯誤，則顯示「無法辨識」（第 11 到 12 行）。

🎁 執行結果

第一次說「午餐」顯示「午餐」；第二次說「再見」顯示「再見」，程式結束。

```
請說話
午餐
請說話
再見
```

step02 文字轉語音

透過 gTTS 套件將文字轉換成語音檔，再經由 playsound 套件播放出來。

行數	程式碼
1	`from gtts import gTTS`
2	`from playsound import playsound`
3	`import datetime`

行數	程式碼
4	`s = 'Python 的資料型別可以分成布林值、整數、浮點數與字串。'`
5	`def speak(x):`
6	`    dt = datetime.datetime.now().strftime("%d%m%Y%H%M%S")`
7	`    audiofile = "audio"+dt+".mp3"`
8	`    tts = gTTS(text=x, lang='zh-tw')`
9	`    tts.save(audiofile)`
10	`    playsound(audiofile)`
11	`speak(s)`

程式說明

✦ 第 1 到 3 行：匯入函式庫。

✦ 第 4 行：設定變數 s 為「Python 的資料型別可以分成布林值、整數、浮點數與字串。」。

✦ 第 5 到 10 行：自訂函式 speak，可以將參數 x 轉換成中文語音檔，並播放此語音檔。設定目前的日期時間給變數 dt（第 6 行），設定檔案名稱為 audio 加上日期時間（變數 dt）與副檔名 mp3，每次的語音檔案名稱都不相同，使用變數 audiofile 參考到此結果（第 7 行）。函式 gTTS 輸入中文 x，設定 lang 為 zh-tw 表示轉換成繁體中文的語音（第 8 行），儲存轉換後的語音到檔案 audiofile（第 9 行），使用函式 playsound 播放 audiofile 所指定的檔案（第 10 行）。

✦ 第 11 行：呼叫自訂函式 speak，將變數 s 轉換成語音檔，並播放此語音檔。

執行結果

電腦會唸出「Python 的資料型別可以分成布林值、整數、浮點數與字串」。

14-4 習題

一. 問答題

1. 請說明 Spacy 套件的用途，如何使用 Spacy 下載中文模型。

2. 請說明向量 cos 公式，越接近哪一個值表示兩個向量越相近似。

3. 請說明 Speech Recognition 套件與 gTTS 套件的用途。

二. 實作題

找出近似的英文新聞標題

下載指定語言的模型，本範例使用英文模型 en_core_web_lg，下載的指令如下：

```
python -m spacy download en_core_web_lg
```

請使用以下程式載入英文模組。

```
import spacy
nlp = spacy.load('en_core_web_lg')
```

從以下網址下載 abcnews-date-text.csv。

```
https://www.kaggle.com/therohk/million-headlines
```

使用 Spacy 分析前 10,000 個英文新聞標題，找出最接近「virus」的五個新聞標題，撰寫程式完成以下功能。

1. 匯入資料檔 abcnews-date-text.csv 到 DataFrame，並刪除重複的英文標題。

2. 分析前 10000 個新聞標題的向量。

3. 使用向量 cos 公式計算每個新聞標題與「virus」的相關性，找出最接近的五個新聞標題。

機器學習入門：使用 Scikit-Learn 與 TensorFlow

作　　者：黃建庭
企劃編輯：江佳慧
文字編輯：王雅雯
設計裝幀：張寶莉
發 行 人：廖文良

發 行 所：碁峰資訊股份有限公司
地　　址：台北市南港區三重路 66 號 7 樓之 6
電　　話：(02)2788-2408
傳　　真：(02)8192-4433
網　　站：www.gotop.com.tw
書　　號：AEL025700
版　　次：2021 年 12 月初版
建議售價：NT$420

國家圖書館出版品預行編目資料

機器學習入門：使用 Scikit-Learn 與 TensorFlow / 黃建庭著. --
初版. -- 臺北市：碁峰資訊, 2021.12
　　面；　　公分
　　ISBN 978-626-324-028-5(平裝)
　　1.機器學習
312.831   110018930

讀者服務

● 感謝您購買碁峰圖書，如果您
  對本書的內容或表達上有不清
  楚的地方或其他建議，請至碁
  峰網站：「聯絡我們」\「圖書問
  題」留下您所購買之書籍及問
  題。(請註明購買書籍之書號及
  書名，以及問題頁數，以便能
  儘快為您處理)
  http://www.gotop.com.tw

● 售後服務僅限書籍本身內容，
  若是軟、硬體問題，請您直接
  與軟體廠商聯絡。

● 若於購買書籍後發現有破損、
  缺頁、裝訂錯誤之問題，請直
  接將書寄回更換，並註明您的
  姓名、連絡電話及地址，將有
  專人與您連絡補寄商品。